水资源荷载均衡理论及开发利用

——以贵州省为例

李析男 董前进 赵先进 等 著

中国水利水电出版社
www.waterpub.com.cn
·北京·

内 容 提 要

本书以贵州省六冲河和㵲阳河为主要研究对象，在分析贵州省水资源开发利用过程中所存在问题的基础上，结合水资源承载力理论与荷载均衡分析理论，对贵州省部分河流水资源可利用量进行计算，并对水资源开发阈值进行分析。全书主要内容包括绪论、水资源承载力计算方法与评价理论、荷载均衡内涵分析、贵州省代表性河流水文变化及生态需水分析、贵州省水资源荷载均衡指标体系与评价、贵州省基于荷载均衡的水资源可利用量计算、贵州省水资源管理调控措施分析、结论与展望。

本书可供水文学、水资源学、生态水文学等专业的科研人员阅读，也可供高等院校相关专业师生参考。

图书在版编目（CIP）数据

水资源荷载均衡理论及开发利用 ： 以贵州省为例 / 李析男等著. -- 北京 ： 中国水利水电出版社, 2023.10
ISBN 978-7-5226-1179-2

Ⅰ. ①水… Ⅱ. ①李… Ⅲ. ①水资源－承载力－研究－贵州②水资源开发－研究－贵州③水资源利用－研究－贵州 Ⅳ. ①TV211②TV213

中国版本图书馆CIP数据核字(2022)第251374号

书 名	**水资源荷载均衡理论及开发利用——以贵州省为例** SHUIZIYUAN HEZAI JUNHENG LILUN JI KAIFA LIYONG——YI GUIZHOU SHENG WEI LI
作 者	李析男 董前进 赵先进 等 著
出版发行	中国水利水电出版社 （北京市海淀区玉渊潭南路1号D座 100038） 网址：www.waterpub.com.cn E-mail：sales@mwr.gov.cn 电话：(010) 68545888（营销中心）
经 售	北京科水图书销售有限公司 电话：(010) 68545874、63202643 全国各地新华书店和相关出版物销售网点
排 版	中国水利水电出版社微机排版中心
印 刷	天津嘉恒印务有限公司
规 格	170mm×240mm 16开本 12印张 229千字
版 次	2023年10月第1版 2023年10月第1次印刷
印 数	001—800册
定 价	**80.00**元

《水资源荷载均衡理论及开发利用——以贵州省为例》主要撰写人员

李析男　董前进　赵先进　赵礼涛　杨荣芳

撰写单位

贵州省水利水电勘测设计研究院有限公司

武汉大学

贵州省喀斯特地区水资源开发利用工程技术研究中心

前言

FOREWORD

喀斯特地区有着与其他地区不同的水文地质条件，是一个特殊的自然地理区。喀斯特发育会产生复杂的空隙空间，空隙的几何尺寸跨度很大，细微裂隙到规模巨大的溶洞都是喀斯特发育产生的空隙，这导致喀斯特水的赋存极为不均匀。因此，喀斯特地区与非喀斯特地区的水文动态和水系发育等差别较大，在很大程度上增加了开发利用难度。

贵州省是我国喀斯特地形发育最丰富的地区，也是世界典型喀斯特区域，喀斯特地区面积占全省面积的61.9%。贵州省作为西部大开发前沿阵地，一直承受着其独特的地貌以及水文地质条件所带来的多种不利状况，如落后的社会经济和脆弱的生态环境等，其中的一个表现是贵州省工程性缺水严重，喀斯特地区的地质水文条件使其难以存留水资源，同时某些地区的供水也缺乏；另外，开发利用地下水资源的难度很大，例如西南喀斯特地区有着良好的地下水资源，且水质满足人类需求，但地质条件的特殊性导致其开发利用率较低，仅为8%～15%，同时，地下水很容易受到人类活动的污染，且其净化过程又十分漫长，因此，开发利用地表水和地下水都需要认真仔细地评估当地的水资源。

贵州省水资源开发利用条件与其他地区有较大差异，开发利用敏感且开发程度不高，同时受河流水资源开发利用的限制，水资源状况影响了社会经济稳定发展。本书以贵州省不同河流为主要研究对象，基于流域整体视角，通过对喀斯特地区水资源多维承载力的科学评价和上游河流开发利用生态影响的全面分析，提出喀斯特地区不同类型和级别河流水资源开发利用的合理阈值，形成空间上不同区域之间、时间上代际之间水资源承载状况“荷载均衡”的理论技术体系，以促进喀斯特地区水资源水生态保护与社会经济可持续发展，保障喀斯特地区供水安全和生态安全。

本书共8章：第1章介绍贵州省水资源开发利用概况以及水资源管理发展历程，由李析男、董前进、赵先进、赵礼涛、杨荣芳等撰写；第2章介绍水资源承载力计算方法与评价理论，由李析男、董前进、赵礼涛等撰写；第3章介绍荷载均衡内涵与量化方法，由李析男、董前进、赵礼涛等撰写；第4章介绍贵州省代表性河流水文气象概况及水文变异分析，并进行河流物种调查与生态需水过程分析，由董前进、赵先进、杨荣芳等撰写；第5章介绍贵州省水资源承载力变化和评价结果以及水资源荷载均衡评价结果，由董前进、赵礼涛、赵先进、杨荣芳等撰写；第6章介绍贵州省水资源可利用量的计算分析，由董前进、赵礼涛、赵先进、杨荣芳等撰写；第7章介绍贵州省水系河网构建、水系河网演变格局与连通性评价分析，由董前进、赵礼涛等撰写；第8章为结论与展望，由李析男、董前进、赵先进、赵礼涛、杨荣芳等撰写。

本书的主要内容得到贵州省水利水电勘测设计研究院有限公司承担的贵州省科技厅科研项目"基于流域荷载均衡的喀斯特地区可利用水资源量研究"的资助，该项目由贵州省水利水电勘测设计研究院有限公司李析男博士负责。参与该项目研究的还有武汉大学董前进副教授及数名硕士研究生。同时，贵州省喀斯特地区水资源开发利用工程技术研究中心为本书的撰写提供了大量帮助及工作便利，罗志远、郝志斌、刘辉、吴刚、吴名剑、张宇航等为本书收集整理了大量基础资料和数据，在此一并表示诚挚的感谢。

由于作者水平有限，书中难免有疏漏和不妥之处，敬请读者批评指正。

作者

2022年12月

目录

CONTENTS

第1章 绪 论

1.1 贵州省水资源开发利用概况

我国喀斯特地区面积居世界首位，总计约 34600 万 hm^2，主要分布在西南地区。西南地区喀斯特分布以黔、桂、川、湘、鄂、云、渝、粤 8 个省（自治区、直辖市）为主，其裸露喀斯特地区面积占比达到了 54%。我国西南地区喀斯特发育就全球亚热带喀斯特来讲，无论是规模、发育类型还是连续面积都最为典型。喀斯特的主要地貌景观类型不仅包括分散排布的峰林、谷底和平原，还包括相互连绵的峰丛洼地及峡谷，西南喀斯特山区以喀斯特强烈发育类型为主，主要包括长江和珠江上游的广西、重庆、贵州、湖南及四川的山区，这些地区的喀斯特分布面积总和接近 4200 万 hm^2，占这些地区总面积的 3%。

贵州省为西南喀斯特区的中心地区，是我国喀斯特地貌分布面积最大、发育最充分的省份。在贵州省境内有 1030 条长度大于 2km 的地下河，有 1700 个流量大于 50L/s 的喀斯特大泉。截至 2005 年，全省开采机井数量达到 1231 口，每年供水量 9.01 亿 m^3，境内没有开发的喀斯特泉和地下河达到 2302 条，已经开发利用的有 708 条，可见开发程度不足，也说明开发潜力很大。由于喀斯特强烈发育，地表渗漏情况严重，省内水资源的需求量远未得到满足。据统计资料显示，2005 年全省 567 万人严重缺水，1400 多万亩耕地缺乏浇灌。2013 年，整个贵州省有 50 个国家级和省级贫困县，贫困人口达 745 万人，缺水是制约其发展的重要因素。

贵州省地处我国西南部，是西部大开发的前沿阵地，在西南地区的交通运输中起着枢纽作用。贵州省位于北纬 24°37′～29°13′，东经 103°36′～109°35′，属亚热带季风性气候。从地势上看，贵州省与我国整体地势相同，均为西高东低；从地貌上看，贵州省地貌主要是高原、丘陵和山地，其中，山地和丘陵占总面积的 92.5%。贵州省最独特的地貌类型为喀斯特地貌，省内喀斯特地貌发育充分，类型极为丰富，几乎可以看到所有的喀斯特地貌类型。同时，喀斯特地貌的分布十分广泛。贵州省全省总面积为17.62万km^2，省内喀斯特地区的占地面积为10.91万km^2，占比为61.9%，因此，贵州省也被称为中国的“喀斯特省”。林俊清[1]研究结果表明，贵州省喀斯特地区主要集中在中部、南部和西部，喀斯特面积所占比例较高的有中部的贵阳市（85%）、南部的黔南布依族苗族自治州（81%）、西部的毕节地区（73%）、安顺市（71%）。

按照2018年贵州省社会经济发展统计公报中的数据，贵州省常住人口为3600万人，农村常住人口为1889万人，城镇常住人口1711万人，男女性别比例为106.89∶100。其中，贵阳市人口为488.19万人、遵义市人口为627.07万人、安顺市人口为235.31万人、黔南布依族苗族自治州（以下简称“黔南州”）人口为329.21万人、黔东南苗族侗族自治州（以下简称“黔东南州”）人口为353.83万人、铜仁市人口为316.88万人、毕节市人口为668.61万人、六盘水市人口为293.73万人、黔西南布依族苗族自治州（以下简称“黔西南州”）人口为287.17万人。贵阳市、六盘水市和遵义市的社会经济相对发达，其人均地区生产总值分别为77807元、51942元和47845元，这三个地区的人均地区生产总值均高于全省的平均值。贵州省以传统产业为主导，如电力、煤炭等，总体经济基础较为薄弱，全省人均地区生产总值低于全国平均值。

2018年，贵州全省年平均降水量为1162.9mm，折合年降水总量为2048.7亿m^3；地表水资源量为978.685亿m^3，其中长江流域地表水资源量为596.162亿m^3，珠江流域地表水资源量为382.523亿m^3；按行政分区，黔南州年径流深最大，为742.7mm，遵义市年径流深最小，为503.4mm。2018年贵州全省总供水量为106.79亿m^3，占水资源总量的10.9%，以地表水供水为主，地表水源供水量为101.25亿m^3，占总供水量的94.8%；地下水源供水量2.09亿m^3，占总供水量的2.0%。全省总用水量为106.79亿m^3，其中农田灌溉用水占主要部分（58.01亿m^3）；工业用水量为25.19亿m^3，用水量排第二位；居民生活用水量为12.36亿m^3，排在用水量的第三位；而生态环境用水量为0.94亿m^3，仅占总用水量的0.9%[2]。

1.1.1 供水工程及供水量

截至2020年年底，贵州省共有水库3036座（含以发电为主水库和在建水库），引提水工程5万余处，地下水（机井）3万余眼，此外还建成一批雨水集蓄利用工程，全省供水能力达到159.4亿m^3。

全省共有水库3036座，水库总库容521.58亿m^3。其中以发电为主的水库383座，总库容418.72亿m^3，占水库总库容的80.3%；以供水为主的水库 2653 座，总库容 102.87 亿 m³，占水库总库容的 19.7%。在以供水为主的水库中，大型水库 7 座（红枫湖水库、百花湖水库、平寨水库、夹岩水库、马岭水库、黄家湾水库、凤山水库），总库容 37.8 亿 m³，占以供水为主水库总库容的 36.7%；中型水库 169 座，总库容 38.44 亿 m³，占以供水为主水库总库容的 37.4%；小（1）型水库 760 座，总库容 21.51 亿 m³，占以供水为主水库总库容的 20.9%；小（2）型水库 1717 座，总库容 5.14 亿 m³，占以供水为主水库总库容的 5.0%。以供水为主的大型水库中有 2 座大（1）型水库，供水量大，覆盖范围广，已具备水网结构和功能。

（1）黔中水利枢纽工程。该工程由水源工程、输配水工程和城市供水工程组成。水源工程平寨水库位于三岔河上，涉及贵州 4 市（贵阳、安顺、六盘水、毕节）1 州（黔南州）的 10 个县（区）和贵阳市区、安顺市区。工程任务是以灌溉、城市供水为主，兼顾发电等综合利用，并为改善当地生态环境创造条件。开发直接目标是解决黔中地区用水安全，间接目标是保障粮食生产安全、保障并促进区域经济社会可持续发展。工程全部建成后可解决黔中灌区 7 个县 49 个乡镇 65.14 万亩农灌用水、5 个县城和 36 个乡镇供水、农村 41.8 万人和 36.4 万头牲畜饮水，以及贵阳、安顺城市供水，总净、毛供水量为 5.55 亿 m³、7.67 亿 m³，并利用平寨电站和渠首电站发电。

（2）夹岩水利枢纽及黔西北供水工程。夹岩水利枢纽水源工程夹岩水库位于六冲河上，涉及贵州 2 市（毕节和遵义）的 10 个县（区）。工程开发任务是以供水和灌溉为主，兼顾发电，并为区域扶贫开发及改善区域生态环境创造条件。该工程主要由水源工程、供水工程和灌区骨干输水工程等组成。夹岩水利枢纽由大坝、溢洪道、泄洪放空隧洞、引水发电系统、取水等建筑物组成，大坝坝型为混凝土面板堆石坝，最大坝高 154m，坝长 429m，水库调节库容 4.52 亿 m³，总库容 13.25 亿 m³，正常水位 1323m，电站装机容量 7 万 kW。毕大供水工程设计流量 5.94m³/s，线路总长 26.8km。灌区骨干输水工程由总干渠、北干渠、南干渠、金遵干渠、黔西分干渠和金沙分干渠等组成，总干渠渠首设计流量 33.74m³/s，6 条干渠总长 280.97km。

1.1.2 供水现状

2018 年，贵州省总供水量为 106.79 亿 m³，其中地表水供水量为 101.25 亿 m³，占比为 94.8%；地下水源供水量为 2.09 亿 m³，占比为 2.0%；其他水源（污水处理回用和雨水利用）供水量为 3.46 亿 m³，占比为 3.2%。地表水供水量中，蓄水工程供水量为 63.69 亿 m³，占地表水供水量的 62.9%；引水工程供水量为 13.47 亿 m³，占地表水供水量的 13.3%；提水工程供水量为 14.10 亿 m³，占地表水供水量的 13.9%；跨流域调水 0.44 亿 m³，占地表水供水量的 0.4%；非工程供水量为 9.55 亿 m^3，占地表水供水量的 9.4%。长江流域总供水量为 75.09 亿 m^3，珠江流域总供水量为 31.70 亿 m^3。

2019 年，贵州省总供水量为 108.06 亿 m^3，其中地表水供水量为 104.87 亿 m^3，占比为 97.0%；地下水源供水量为 2.00 亿 m^3，占比为 1.9%；其他水源（污水处理回用和雨水利用）供水量为 1.19 亿 m^3，占比 1.1%。地表水供水量中，蓄水工程供水量为 64.94 亿 m^3，占地表水供水量的 61.9%；引水工程供水量为 14.34 亿 m^3，占地表水供水量的 13.7%；提水工程供水量为 14.49 亿 m^3，占地表水供水量的 13.8%；跨流域调水 0.44 亿 m^3，占地表水供水量的 0.4%。长江流域总供水量为 76.12 亿 m^3，珠江流域总供水量为 31.94 亿 m^3。

2020 年，贵州省总供水量为 90.08 亿 m^3，其中地表水供水量为 87.08 亿 m^3，占比为 97.0%；地下水源供水量为 1.97 亿 m^3，占比为 1.9%；其他水源（污水处理回用和雨水利用）供水量为 1.03 亿 m^3，占比为 1.1%。地表水供水量中，蓄水工程供水量为 52.91 亿 m^3，占地表水供水量的 60.8%；引水工程供水量为 11.39 亿 m^3，占地表水供水量的 13.1%；提水工程供水量为 12.12 亿 m^3，占地表水供水量的 13.9%；跨流域调水 0.44 亿 m^3，占地表水供水量的 0.5%。长江流域总供水量为 67.73 亿 m^3，珠江流域总供水量为 22.35 亿 m^3。

1.1.3　用水现状

2018 年，贵州省总用水量为 106.79 亿 m^3，其中农田灌溉用水量为 58.01 亿 m^3，占比为 54.3%；林牧渔畜用水量为 3.17 亿 m^3，占比为 3.0%；工业用水量为 25.19 亿 m^3，占比为 23.6%；城镇公共用水量为 7.13 亿 m^3，占比为 6.7%；居民生活用水量为 12.36 亿 m^3，占比为 11.6%；生态环境用水量为 0.94 亿 m^3，占比为 0.9%。

2019 年，贵州省总用水量为 108.06 亿 m^3，其中农田灌溉用水量为 58.52 亿 m^3，占比为 54.2%；林牧渔畜用水量为 3.23 亿 m^3，占比为 3.0%；工业用水量为 25.38 亿 m^3，占比为 23.5%；城镇公共用水量为 7.40 亿 m^3，占比为 6.9%；居民生活用水量为 12.56 亿 m^3，占比为 11.6%；生态环境用水量为 0.97 亿 m^3，占比为 0.9%。

2020 年，贵州省总用水量为 90.08 亿 m^3，其中农田灌溉用水量为 44.90 亿 m^3，占比为 49.8%；林牧渔畜用水量为 6.88 亿 m^3，占比为 7.6%；工业用水量为 18.66 亿 m^3，占比为 20.7%；城镇公共用水量为 4.02 亿 m^3，占比为 4.5%；居民生活用水量为 13.97 亿 m^3，占比为 15.5%；生态环境用水量为 1.66 亿 m^3，占比为 1.8%。

1.1.4 用水水平和用水效率

2018年，贵州省供用水量为106.79亿m^3，水资源开发利用率为10.2%；2020年，贵州省供用水量为90.08亿m^3，水资源开发利用率为8.6%，均不足全国平均水资源开发利用率（21.4%）的一半，水资源开发利用程度较低，开发利用潜力较大。

2018年，贵州省人均综合用水量297m^3，用水水平较低，仅为全国平均水平（432m^3）的69%；2020年，贵州省人均综合用水量234m^3，用水水平较低，仅为全国平均水平（412m^3）的57%；与西南五省（自治区、直辖市）相比也处于较低水平。

2018年，贵州省单位地区生产总值用水量为72m^3，单位工业增加值用水量为57.5m^3，均高于全国平均水平（66.8m^3和41.3m^3），与西南五省（自治区、直辖市）相比处于中等水平，与先进地区相比差距更大。贵州省农田灌溉水有效利用系数为0.472，低于全国平均水平（0.548）；2020年，贵州省单位地区生产总值用水量为51m^3，低于全国平均水平（57.2m^3），单位工业增加值用水量41m^3，高于全国平均水平（32.9m^3），与西南五省（自治区、直辖市）相比处于中等水平，和先进地区相比差距更大。贵州省农田灌溉水有效利用系数为0.484，低于全国平均水平（0.565）；和西南五省（自治区、直辖市）相比也处于较低水平。由此可见，贵州省用水效率总体较低，有较大的提升空间。

1.2 贵州省水资源管理发展历程

贵州水利发展经历了几个重要阶段：

（1）初始阶段（中华人民共和国成立到改革开放前）。这一时期，贵州和全国一样大兴水利，国家适当补贴，以县乡组织群众投工投劳自建自管自用为主，修建了2000余座小水库和少量中型水库，大多为土坝，重点是保障城镇供水、供电、防洪和粮食生产。地方电力机构设置在水利部门。

（2）全面发展阶段（改革开放到“十二五”前）。农村饮水、水土保持、农村水电及电气化、水资源管理、水利法治等全面起步，“滋黔工程”、遵义灌区等一批标志性水利工程建成投运，农村群众实现从“喝水难”到“喝上水”的转变。以乌江渡、洪家渡为代表的一大批大中型水电项目相继建成投运，乌江水电开发成为河流梯级开发的典范，贵州成为国家西电东送的主力军。1998年国家实施农网改造，小水电建设管理职能从水利部门划出。

（3）快速发展阶段（“十二五”以来）。贵州省委省政府贯彻落实《中共

中央 国务院关于加快水利改革发展的决定》（中发〔2011〕1号）、国务院《关于进一步促进贵州经济社会又好又快发展的若干意见》（国发〔2012〕2号）重大政策，全力破解工程性缺水难题。2009年西南五省（自治区、直辖市）遭遇特大干旱，2011年国务院批复《贵州省水利建设生态建设石漠化治理综合规划》（以下简称“三位一体”规划）后，贵州省相继实施水利建设“三大会战”、“小康水”行动计划、水利建设三年行动计划、“市州有大型水库、县县有中型水库、乡乡有稳定供水水源”、“水网会战”、小水电清理整改、饮水安全攻坚决战、脱贫攻坚饮水安全挂牌督战等行动，这期间是贵州省水利发展史上资金投入最大、建设速度最快、改革力度最强、群众受益最多的时期。主要体现在以下几个方面：

1）水利投入持续加大。“十二五”以来累计投入水利资金3103亿元，2015年起连续6年投入超过300亿元，居全国前列。2017年国务院设立激励表彰以来，贵州省水利投资落实及完成情况成绩显著，两次获得表彰。

2）工程建设全面提速。贵州省第一座以供水、灌溉为主的跨流域、跨区域大型水利工程——黔中水利枢纽建成，开工建设夹岩、马岭、黄家湾、凤山4座大型水库和116座中型水库、377座小型水库，开工数量居全国之首。“市州有大型水库”加快推进，“县县有中型水库”基本实现，“乡乡有稳定水源”进展顺利，水利工程年供水能力从“十一五”末的92亿m^3提升到110亿m^3。

3）水安全保障能力不断提升。一是持续强化水利行业安全监管。抓好水利生产安全和水库大坝运行安全，未发生重大以上安全事故。二是加快推进防洪提升工程建设。实施大江大河主要支流和中小河流治理项目863个、重点山洪沟治理项目76个，治理病险水库1176座，水利工程防洪能力进一步增强。三是狠抓防汛抗旱工作。有效应对多次大洪水和大范围干旱，全省洪涝和干旱灾害年均损失率（直接经济损失/GDP）分别为0.39%和0.02%，远低于“十三五”规划控制指标（0.9%和1.7%）。

4）水利扶贫有力有效。投入贫困地区的省级以上水利建设资金占比超过80%，贫困地区水利基础设施明显改善。2500多万农村群众饮水安全问题得到解决（“十三五”时期解决740.9万人饮水安全问题），农村自来水普及率达90%，脱贫攻坚农村饮水安全挂牌督战取得全面胜利，现行标准下农村饮水安全问题全部解决（如果没有贵州大规模水利建设提供的重要保障，脱贫攻坚农村饮水安全要与全国同步达标，难度将非常大）。安顺市石漠化片区水利精准扶贫示范区建设入选“中国改革2020年度50典型案例”。

5）水利改革持续跟进。一是水利投融资管理体制改革成效明显。成立以贵州省水利投资（集团）有限公司为龙头的水利投融资企业 98 家（省级 1 家、市级 9 家、县级 88 家），为“穷省办大水利”提供资金保障，在全国形成引领示范效应。加强政府债务风险防控，严格水利资金监管。二是水利工程产权制度改革全国领先。提前全国 3 年完成任务，一大批小型水利工程获得了“身份证”，落实了管护主体。三是最严格水资源管理考核连续位居全国前列。水务一体化实现市县两级全覆盖。四是其他水利改革同步推进。基层水利服务体系、水权交易、水利工程建设和运行管理体制等改革持续深化。

6）水生态治理保护有序推进。一是河湖长制有名有实。在全国率先建立从省到村五级河长制，2018 年以来连续 3 年获国务院激励表彰。二是水生态环境治理修复成效明显。累计治理水土流失面积 2.23 万 km^2（平均每年治理 $2500km^2$），强力推进小水电清理整改，实施 11 个河湖连通工程和水生态修复与治理项目，切实扛起上游责任，筑牢两江上游生态屏障。三是水生态文明城市试点工作有序开展。创建了黔西南州、贵阳市、黔南州 3 个国家级水生态文明城市和清镇等 12 个省级水生态文明城市。

1.3 贵州省水资源开发利用中存在的问题

贵州省的供水工程发展总体水平不高，发展也极不平衡。根据经济社会指标分析，贵州省供水能力的分布与地区经济、地区的城镇化关系密切，经济发达、城镇化率高的地区，其供水能力也较高；反之，则较低。

人均供水能力与水资源条件、人口、社会经济发展水平、水土资源组合状况有关，它可以在一定程度上反映各流域供水工程基础设施对区域社会经济发展的支撑能力。

贵州省水资源量丰富，但开发利用率不高，2010 年贵州省万元工业增加值取水量为 $233m^3$，全国平均取水量则为 $90m^3$；2011 年全省耕地灌溉率仅为 20%左右；多年平均水资源可利用量为 2938 亿 m^3，可利用率仅为 29.5%。贵州省水资源开发利用现状水平较低，主要存在以下问题。

（1）水资源调控能力依然不足，水资源保障能力有待进一步提升。受山区地形地貌和历史原因的影响，贵州省大中型水源工程建设整体滞后，工程性缺水依然突出。贵州省以供水为主的水库径流调节系数为 9.3%（含水库水电站径流调节系数为 42.7%，高于全国平均水平的 33%），调蓄能力不足。现状城乡供水水源中，大中型水库和大江大河引调水工程少，全省有调蓄能力的大中型水库供水能力仅占总供水能力的 41.9%，尚有 15%左右的县未实现稳定水源供水，特别是战略性、全局性的大型水利枢纽仅有黔中和夹岩两个，水源工程体系不完善，缺乏大中型骨干水源工程支撑。尽管水库型水电站总库容占到全部蓄水工程总库容的 81%，但受到体制机制影响，目前仅红枫湖水库、百花湖水库由发电为主转为供水为主，绝大多数水库型水电站未发挥供水功能。贵州省水资源开发利用率仅 10.2%，不足全国平均水平（21.4%）的一半；人均综合用水量 297m^3，仅为全国平均水平（432m^3）的 64%，在节水优先的前提下，水资源保障能力仍有较大的提升空间。

（2）供水网络化程度亟待加强，水源工程综合效益未充分发挥。受骨干水源建设滞后、供水水源分散、输配水管网配套不足等因素的影响，贵州省水资源配置工程建设系统性不足，供水网络化程度低。贵州大水网的骨干框架、关键节点亟待搭建，关键通道亟待打通，2009 年开工建设的省内第一座大型水利枢纽工程——黔中水利枢纽至今尚未全部发挥效益，夹岩、黄家湾 2 座水利枢纽主体工程刚刚完工，马岭、凤山等大型水库仍在建设过程中。现有城乡供水水源配套不足，受地方配套资金难以到位等因素影响，“十二五”“十三五”期间新开工建设的 418 座水库工程竣工验收的仅占 23.4%，输配水工程未能及时建成，严重影响工程效益发挥；此外由于淤积和损毁，部分水源输配水工程、灌溉渠道已失去输水功能。受地形条件限制，贵州修建的水源工程大部分未能充分连通互济，且江河湖库连通工程建设不足，城乡供水一体化推进滞后，供水网络仍未形成。

（3）城乡应急备用水源建设滞后，抵御干旱灾害能力明显较弱。贵州省自然条件恶劣，河谷深切，需水区与供水区高差大，供水工程开发建设难度大。水资源较为丰富，但时空分布不均，开发条件差，缺水较为严重，属工程性缺水。贵阳、安顺、六盘水等城市处在长江流域与珠江流域分水岭附近，全省 9 个市（地、州）驻地中，7 座城市有小于 1000km^2 的河流通过。人均占有水资源量少，如贵阳市人均水资源量不及全国平均水平的 1/3，同时这些城市又是贵州省的经济重心，用水量大，缺水严重，特别是枯季缺水，对城市及工业发展的制约越来越明显。据统计，按现行用水标准，全省 70%的城镇存在缺水问题，解决城市缺水问题将是未来水资源开发利用最主要的任务之一。水土流失严重，涵养水源能力弱，若出现长时间的少雨或无雨天气，同时蒸发较大，造成溪沟断流，泉井干涸，河道基流偏小，地下水埋藏加深，将导致旱灾。贵州省尚无严格意义上的城乡应急备用水源，现有应急备用水源均是多水源之间的互为应急备用。全省 74 座城市中，有 35 座城市尚无应急备用水源，其中 15 座城市为单一供水水源，一旦发生水污染等应急事件，城市供水安全将面临较大威胁。具有应急备用水源城市中的三分之二为小型应急备用水源，且有少数工程位于城区，水质易受污染，应急供水保障能力低。重要城市区、经济发展区的供水水源互连互通尚未开展，不利于应急情况下实现水源之间水量的互相调剂，尚不具备全面抵御干旱和保障应急供水的能力。

(4) 农村农业供水保障程度有待提高，与现代化要求差距大。贵州省现有农村农业供水水源大多小而分散，且引提水工程居多，部分工程直接从溪沟、山泉等取水，存在季节性缺水问题，水量保障程度偏低。全省1211个乡镇驻地中，尚有25%未达到“乡有稳定供水水源”标准。农村1195.7万人为分散供水，占农村人口的63.3%；特别是麻山、瑶山等贫困地区农村居民人均生活用水仅为35L/d左右，远低于全国平均水平（89L/d），农村饮水安全保障水平仍需进一步巩固提升。受建设投资不足等影响，农田水利“最后一公里”问题突出，农田灌溉水有效利用系数仅为0.472，为西南五省（自治区、直辖市）最低。现状耕地灌溉率为37.5%，略微高于西南平均水平的34.6%，明显低于四川省的43.61%，70%的农业园区供水工程覆盖不足。随着工业化、城镇化发展战略的实施，部分水库生活生产用水挤占了农业灌溉用水，山地特色农业水利支撑亟待提升。

(5) 城乡发展需水仍将增加，水资源供需矛盾有待改善。随着贵州省城镇化进程加快，近年来以生活用水为主的城镇用水需求增长较快，供水不足依然是全省高质量发展的最大瓶颈。用水竞争造成部分水源不得不改变水使用功能，挤占农业和生态用水用于城镇供水，如水泊渡水库基本弱化原设计灌溉功能而转为向遵义市城区供水。随着经济社会发展和人民生活水平提高，全省用水需求呈刚性增长态势，特别是生活用水将进一步增加，预计到2035年，全省经济社会发展用水需求将达到170亿～190亿m^3，相比2018年水源工程可供水量，仍有较大需水缺口。可见，现有城乡供水能力远远不能满足未来经济社会发展用水需求。

1.4 国内外水资源管理理念变迁与经验

1.4.1 国外水资源管理理念

世界各国的基本国情各不相同，其水资源管理模式也都不相同。国外水资源管理大体可以分为三个模式：一是以江河、湖泊水系的自然流域为单元的流域管理模式，主要以欧盟一些国家为代表；二是基于水资源的某种经济或社会功能或用途设立或委托专门的机构负责所有涉水事务的水资源管理模式，采取这一模式的国家主要以日本为代表；三是以江河、湖泊水系内自然流域的水资源管理为中心，对流域内与水资源相关的水能、水产、航运、土地等多种资源实行统一管理的综合水资源管理模式，该模式主要以美国的田纳西流域管理为代表[3]。

1992 年在爱尔兰召开了“国际水和环境大会”，提出水资源可持续发展问题；1998 年在荷兰召开了“区域水资源研讨会”，探讨可持续水资源管理的研究方法；2000 年在美国召开了“水资源综合管理研讨会”，探讨可持续发展条件下水资源管理的内容和目标，交流水资源管理经验，会议讨论了政府在水资源管理中的作用以及水资源总量的科学规划、水资源管理监督评估等工作的意义。

美国学者 Robert[4] 在研究中表示，大部分国家的水资源管理可分为两种模式：分散型管理和集中型管理。所谓分散型管理，就是不同的集团利用自身的优势分别进行管理；而集中型管理则有所不同，它是由国家设立专门的机构对于水资源等相关事务进行集中管理。

Arnim 和 Kelli 指出[5]，水资源只有达到可持续发展，才能对人类社会的稳定发展起到保障作用，这就要求国家对水资源的治理必须达到法制化程度，依法治理水资源；而要想对水资源进行高效的治理就必须依靠社会组织力量，提高社会力量的参与程度；想要对现有的水资源治理制度进行创新，就要有规范的法律指引，要严格按照法律法规进行水资源治理。

Surridge 和 Harris[6] 通过研究发现，要想更加合理地进行水资源的管理，重点在于对水环境的合理保护以及对水资源的可持续再利用，水资源环境的管理需要更加科学先进的管理方法做支撑。Brad 等[7] 认为政府在水资源管理中起着决定性作用，有着很大的职能和职责。

Elinor[8] 认为在解决水资源管理问题时，水资源作为公有化资源，可以通过优化配置和法律监督管理制度进行有效的协调，最严格水资源管理制度的刚性约束使得水资源配置达到最优。最严格水资源管理的制度文件奠定了现代水资源管理的理论依据，我们可以将水资源视为一种商品但又不能完全归类于商品参与社会的竞争，水资源质量和数量决定了它的性质和用途。由此可见，水资源在社会和环境方面的可持续性和水生态系统的发展性都需得到保护，这样才能满足不同部门不同地区的取水需求，在水资源开发利用时，必须优先满足城乡居民用水的需要和保护生态环境用水的需要。Elinor 对水资源管理的用人机制进行了大量研究，管理人员和执法人员对水资源管理有很大的影响，怎样组织、协调人与水资源管理的关系是实现水资源可持续发展的一个重要问题。

在水资源管理工作中，各个国家都根据自己的国情、水情，逐步建立属于各自的水资源管理模式，例如美国和日本都十分强调水资源的公共性，尤其是日本在节水方面做得较好。完善立法，建立水量、水质控制系统和水资源管理信息化系统，建立有效的水资源管理模式是国外水资源管理的发展趋势。水资源是生命存在的必要条件，没有水资源人类就不能生存，所以要求政府参与对水的管理。政府对水资源的利用进行监督、指导，在水资源管理中要遵循科学原则，注重水资源的自然生态性。同时在水资源管理中要合理制定水价，以保护节约水资源为目标，使水资源实现可持续发展。许多专家和学者从不同领域对水资源管理进行了研究分析，让我们认识到水资源管理的重要性和紧迫性。

1.4.2 国内水资源管理理念

新中国成立以来，专家、学者对水资源管理进行了大量研究和探索，从多领域多角度对水资源管理进行研究并发表相关专著，这些专著里面的水资源管理理论为现代生活提供了重要的支撑，为生产管理活动提供了专业的指导。随着经济社会快速的发展、人口快速增加、人类活动的加剧，水资源的供需矛盾越来越明显，这时就需要水资源管理工作充当载体，来控制水资源的需求量和使用量。姜文来等[9] 认为水资源管理就是通过采取一系列的有效措施，防止水源枯竭、水生态系统污染等情况的发生，在满足人类水资源可持续利用的同时，改善水资源质量，保护水生态系统。根据一个地区用水特点建立有效的水资源管理措施和模式，建成水资源保护和河湖健康保障体系。孙广生[10] 从水资源开发利用的进程着手，基于水资源开发利用、分配、供需平衡以及水质、水量、水生态等方面，提出了水资源管理保护制度推动水资源保护工作的观点。

刘毅和董藩[11] 认为随着经济社会的快速发展，围绕水资源紧缺、节水型社会建设产生的问题，建立完善水资源管理体系和执行最严格水资源管理制度，必须完善水法律法规，严格水行政执法，同时进行水资源管理体制改革，实现水资源数量、质量、水生态保护的统一管理，并建立相应的工程体系和管理体系。通过完善水环境修复和水功能区达标等措施，加大水资源管理的力度；建立利益补偿机制，保护城乡居民的用水权益，并构建水资源的民主管理体制，推进水资源管理的社会化。

林洪孝[12] 认为水资源管理依靠水资源环境承载能力，依据水资源保护监督管理相关法规与制度和水资源、水生态系统可持续特征，遵循经济社会发展规律和水生态系统循环特性，综合运用水资源管理相关措施，编制科学系统的水资源保护规划，优化配置中水和再生水，强化水资源监控制度，保护水资源可持续利用，支撑和保障经济社会可持续发展。国世龙[13] 认为，公民的执行力在很大程度上影响着水资源的开发管理，只有实施更加积极稳妥的对策，水资源才能发挥出最大的社会经济效益。王浩[14] 系统分析和深入探讨了中国水资源特点及开发利用状况、水资源管理对策、中国节水型社会及其发展目标建设方向以及水资源管理体制优化。

赵宝璋[15] 认为水资源管理应该从水量、水质、系统管理、经济利益、水行政执法出发，合理规划方案设计，调配水资源量，实现水资源可持续利用，确保水资源健康有序的发展，建立系统、合理的水资源综合管理体制，由水行政主管部门或者流域管理部门按照相关法律、法规、条例进行统一的管理。

陈雷[16] 认为，目前需完善水资源管理体制，有效落实水资源管理信息化建设，建设节水型社会，提高公众参与度。

左其亭和李可任[17] 阐述了最严格水资源管理制度的概念及在水资源管理中的应用。通过法律对政府监管权进行规范，通过政府监管对水资源管理进行控制，从法律到制度，从制度到理论，层层深入。

崔延松[18] 以水资源管理为切入点，在构建水资源管理的基础上，立足中国水资源管理实际，从理论、政策和应用的角度探讨了水资源管理本质问题。

总体来看，国内学者在水资源管理方面提出了很多有价值的见解，并对水资源管理有非常系统的阐述，但是水资源管理并没有系统的标准，而且我国各个地区的情况不太一样，所以不能照抄某一地方的管理模式，只能立足本地实际，探索水资源管理，优化地区水资源管理体制[19]。中国地大物博，南北地区差异大，贵州省各个地区的水资源情况也不尽相同，贵州省在今后的水资源管理工作中要充分考虑县情、民情、水情，合理配置水资源，全面统筹协调解决水资源的问题，加强对水资源的管理。

1.5　本章小结

本章首先对贵州省水资源开发利用包括供水量、用水量和用水效率等进行了介绍，然后对贵州水利发展各阶段进行了说明，接着指出了贵州省水资源开发利用中存在的一些问题，最后从国内和国外两方面介绍了水资源管理理念的变化过程。

第2章 水资源承载力计算方法与评价理论

2.1 水资源承载力内涵与特性

2.1.1 水资源承载力内涵

关于水资源承载力的内涵，国内外尚未出现统一的定义。根据以往的文献可以大致将其分为三类：第一类将水资源承载力定义为数量，即在一定自然和社会条件下，区域水资源所能承载的最大生产总值和人口数；第二类是视水资源承载力为速率，即在不影响系统功能和可持续性的前提下，区域水资源能抵消的最大资源消耗速率和废物产生速率；第三类则是将水资源承载力定性定义为程度，即区域内环境系统与社会经济系统的匹配程度。本书更倾向于采用第一类定义方式，将计算出一定社会发展速率下贵州省各地级市最多能承载的人口作为最终目标。由此可分析出水资源承载力具有如下内涵：

（1）物理内涵。水资源量作为水资源承载力的基本要素，空间上，不同区域所拥有的总量不尽相同，区域与区域之间的资源互通也会影响各自的水资源承载力；时间上，即使是同一区域，资源量也总是在一定范围内波动变化，而当前的水资源负载情况又会进一步影响未来的承载能力。

（2）社会经济内涵。不同区域的科技水平和经济水平不同，因此水资源利用效率也因地而异，这导致各地经济发展速度和规模有所不同。

（3）生态环境内涵。水资源可持续利用是水资源承载力计算的根本目的，也是生态系统良性循环的必需条件，具体体现为水质达标程度、水流连续程度、水分保留能力等因素。

2.1.2 水资源承载力特性

正因为水资源承载力具有多重内涵，其对应的特性也是多样的。在本书视角下承载力应有如下特性：

（1）动态变化性。水资源承载力是一个随着外部条件变化而变化的量，除了时间、空间、自然条件等人类无法控制的变量，还有很多人类社会中的影响因素，如文化、政策、科技、经济发展水平等，所有成分组成一个有机系统影响水资源的承载能力。

（2）极限性。极限性也可以称为有限性，是一种客观存在的属性，在特定的社会发展和科技水平条件下，水资源所能支撑的人口数量和经济规模都有其上限，超出则会对社会和环境造成负面影响。

（3）可调控性。水具有水资源数量、水环境容量等属性，因此可以采取人为的方式针对水资源承载能力的薄弱环节进行调控，有效提升承载力。

（4）不确定性。正因为水资源承载力有极多的影响因素，使得准确计算成为一大难题。因此在进行水资源承载力计算时，要剔除一些非必须的条件，简化数学模型，使计算结果能大致反映真实情况。

2.2　水资源承载力计算方法

参考生态足迹理论，基于此理论使用水资源足迹计算模型以及喀斯特地区水资源承载力分析模型，分别对贵州省的九个行政分区的水资源足迹和水资源承载力进行计算。

2.2.1　水资源足迹

Hoekstra 等[20] 认为水资源足迹是指在一定时间内，任何已知人口使用的所有服务和产品所需要的水资源数量，包含生活用水量、生产用水量及环境用水量。基于以上定义，人类利用的水资源可分为两种：一种是实体的水（如生活、生产用水）；另一种是虚拟的水（如凝聚在各种产品中的水）。

由于水域仅仅为生态足迹模型中的一部分，为了保持同其他土地类型的度量统一性，本书计算的各种用水量将按一定的规则转换为对应的土地面积。

2.2.2　水资源足迹计算模型

按照水资源足迹的定义，水资源量将转化为对应的土地面积，再分别进行产量调整、结果均衡化，最终计算出可用于全球不同地区的均衡面积。

水资源足迹模型：

$$WS = N \cdot ws = \frac{\gamma_w W_c}{t_w} \tag{2.2-1}$$

式中：WS 为某指标足迹，hm^2；N 为人口总量，人；ws 为人均某指标的足迹，$hm^2/人$；γ_w 为均衡因子；W_c 为消耗量，m^3；t_w 为某指标平均生产能力，m^3/hm^2。

根据上述定义和用水人口的特性，可将用水过程分为生活、生产和生态，并对三者分别进行计算。

1. 生活用水方面

生活用水足迹指城市和农村生活用水在计算期间的需求量。生活用水足迹 WS_{lw} 可表示为

$$WS_{lw}=N\cdot ws_{lw}=\frac{\gamma_w W_l}{t_w} \tag{2.2-2}$$

式中：W_l 为生活用水量，m^3；其余符号意义同上。

2. 生产用水方面

生产用水足迹（WS_{pw}）指在计算期内，社会生产对水资源的需求量。本书主要计算农业、工业和林牧渔畜用水。

（1）农业用水方面。农业用水足迹（WS_{aw}）指在计算期内，农业生产对水资源的需求量。计算公式为

$$WS_{aw}=N\cdot ws_{aw}=\frac{\gamma_w W_a}{t_w} \tag{2.2-3}$$

式中：W_a 为农业用水量，m^3，其余符号意义同上。

（2）工业用水方面。工业用水足迹（WS_{iw}）指在计算期内，工矿企业在生产过程中的水资源需求过程。计算公式为

$$WS_{iw}=N\cdot ws_{iw}=\frac{\gamma_w W_i}{t_w} \tag{2.2-4}$$

式中，W_i 为工业用水量，m^3，其余符号意义同上。

（3）林牧渔畜用水方面。林牧渔畜用水足迹（WS_{sw}）的计算式为

$$WS_{sw}=N\cdot ws_{sw}=\frac{\gamma_w W_s}{t_w} \tag{2.2-5}$$

式中：W_s 为林牧渔畜用水量，m^3；其余符号意义同上。

将以上三个值汇总累加后可得到生产用水足迹：

$$WS_{pw}=N\cdot ws_{pw}=WS_{sw}+WS_{iw}+WS_{aw} \tag{2.2-6}$$

3. 生态用水方面

生态用水足迹是指用于修复生态环境的用水量对水资源的需求过程，该部分水量是指总水量中至少要保留 60%的水资源用来维护生态环境。生态用水足迹（WS_{ew}）可表示为

$$WS_{ew}=N\cdot ws_{ew}=\frac{\gamma_w W_e}{t_w} \tag{2.2-7}$$

式中：W_e 为生态用水量，m^3；其余符号意义同上。

2.2.3 水资源承载力计算模型

水资源开发利用率一般不超过40%，即水资源总量的60%需要保留下来用于保护生态环境，若超过，则可能会对环境造成破坏。因此，在计算时，需要扣除至少60%的水资源。因而计算公式如下：

$$WC = N \cdot wc = 0.4\gamma_w y_w \frac{W}{t_w} \tag{2.2-8}$$

式中，WC 为水资源承载力（以土地面积表示），hm^2；wc 为人均水资源承载力，hm^2/人；y_w 为计算区域水资源用地的产量调整因子；W 为水资源总量，m^3；其余符号意义同上。

2.2.4 确定模型参数

(1) 世界水资源平均生产能力。这里的水资源生产力需要与不同地区的土地类型相结合，以研究区域的多年平均产水模数表示。查阅资料可得，全世界年径流量为46800亿 m^3，全球多年产水模数为31.4万 m^3/km^2，因此，世界水资源平均生产能力为31.4万 m^3/km^2。

(2) 产量调整因子。在该模型计算中，不同地区的土地面积是不能直接进行比较的，这是由于这些土地的生产力不同。而产量调整因子的作用就是将不同地区的同类生产性土地转换成可以比较的土地面积。不同地区的产量因子按当地的水资源平均生产力与世界水资源平均生产力之比进行计算。结合不同区域的多年平均产水模数，可确定出不同地区的产量调整因子。由于喀斯特地区的地形地质特点比较特殊，产量调整因子可以在一定程度上表示各个地区的喀斯特地貌的影响。

(3) 均衡因子。均衡因子一般用来均衡不同地区的生态生产力的差别。本书中以2000年世界自然基金会（WWF）核算的水域均衡因子为基础，计算所采用的水资源均衡因子均为5.19。

2.3 水资源承载力评价指标体系构建

2.3.1 评价指标的选取原则

水资源承载力的评价指标不仅涉及范围广、内容众多，而且具有地区差异性，因此为研究区域构建出一套合理科学的评价指标体系是整个评价过程中的关键部分。指标体系的构建离不开各个指标的选取，选取指标的首要工作是确定指标选取原则。

评价指标的选取考虑了四项原则：系统性、目的性、动态性以及区域性。

(1) 系统性。系统性是指水资源与社会经济系统之间的相关关系以及二者之间的相互作用。

(2) 目的性。目的性是指按照可持续发展理论，最终实现水资源系统与社会经济系统相互协调发展。

(3) 动态性。动态性是指整个系统并不是一成不变的，而是会随着时间慢慢发生变化的。

(4) 区域性。区域性是指不同区域水资源承载力的影响因素是不同的，具有区域差异性。

2.3.2 构建评价指标体系

2.3.2.1 准则层内涵

构建评价指标体系是水资源承载能力评价的基础工作，也是相当重要的一步。评价指标体系的构建在满足系统性、目的性、动态性以及区域性等原则下，考虑喀斯特地区水文地质、水资源特性的影响因素，将从影响水资源承载力的社会和自然属性两方面筛选。因此，准则层主要包括社会经济、水量和水质 3 个方面，再分别筛选指标层的具体指标，结果见表 2.3-1。

表 2.3-1 水资源承载力评价指标体系

目标层	准则层	指标层		
		指标	计算方法	符号
水资源承载力	社会经济方面	人口密度/(人/km^2)	总人口/占地面积	A1
		人均 GDP/(元/人)	GDP 总量/总人口	A2
	水量方面	人均水资源量/(m^3/人)	水资源总量/总人口	B1
		供水模数/(万 m^3/ km^2)	供水量/占地面积	B2
		地下水供水比例/%	地下水供水量/总供水量	B3
		水资源利用率/%	供水量/水资源总量	B4
		人均用水量/(m^3/人)	用水总量/总人口	B5
	水质方面	废水中 COD 排放量/万 t	国家数据网站获取	C1
		生态环境用水率/%	生态环境用水量/总用水量	C2
		水质状况	按各地区水质类别所占比例综合计算得出	C3

(1) 社会经济方面。社会经济主要用于反映地区的社会发展状况、地区经济发展水平和社会经济结构等。本书在考虑贵州省自身特点及参考众多已有研究成果的基础上，选用人口密度和人均 GDP 指标作为社会经济方面的指标集。

（2）水量方面。水资源量主要用于反映地区的水资源总量储备以及对各种用户的供水、用水等方面的内容。本书在考虑贵州省自身特点及参考众多已有研究成果的基础上，选用人均水资源量、供水模数、地下水供水比例、水资源利用率、人均用水量指标作为水量方面的指标集。其中，人均水资源量反映社会人口的人均水资源占有量；供水模数反映地区单位面积上的供水量；地下水供水比例反映地下水资源供给各用户使用的程度；水资源利用率反映水资源的供给人类的开发利用程度；人均用水量反映单位人口对水资源需求量。

（3）水质方面。水质用来表示地区水资源的好坏，污染情况以及水资源对周围环境的保护作用。本书在考虑贵州省自身特点及参考众多已有研究成果的基础上，选用废水中 COD 排放量、生态环境用水率、水质状况指标作为水质方面的指标集。其中，废水中 COD 排放量反映水资源中的污染情况；生态环境用水率反映生态环境对水资源需求量；水质状况综合反映地区的水质污染情况。

2.3.2.2 “量、质、域、流”四要素

1. “量、质、域、流”内涵

当今社会利用水资源的方式基本可以概括为以下四种：取用水资源、向水体排污、占用水域空间、开发水能资源，分别对应水的四种资源属性，即水资源数量、水环境容量、水域覆盖面、水流连续度，简称量、质、域、流[21]。

水资源数量，即区域拥有且能够开发利用的最大水量，包含地表水量和地下水量两部分，也包含用水过程中循环使用、处理后回用的中水等。水环境容量，即区域水体允许排入的最大污染物量，取决于水循环状态、水体自净能力、社会污染物处理能力等。水域覆盖面，即水体在区域内的分布范围、保留能力，能够为各类生物提供不可或缺的生存环境和栖息空间，是生态系统保持健康可持续发展的重要因素，也是区域水循环和水质净化的重要组成部分。水流连续度，即区域自然水体的流动状态，是水生态系统良好运转的基本因素，主要影响因素是人类社会建造的各类水利设施。

因此，可以将目前出现的水资源超载现象概括为四类：第一类是过量取用水资源，人口、经济负荷过大，超出当地水资源系统所能承受的上限，出现河川断流、地下漏斗等严重缺水问题；第二类是过量排放污染物，水体自身的环境容量和自净能力不堪其重，导致水体污染；第三类是大量占用本应留给水的空间，导致水分保留能力下降；第四类是过度干扰水流天然的运动轨迹，影响其流态和周边区域的水文条件，引发水生态系统恶化。

2. 评价指标选取

水资源承载力评价指标体系的选取对综合评价结果起着至关重要的作用。

本书在相关文献选取的指标体系的基础上[22-24]，考虑系统性、目的性、动态性以及区域性原则，从社会经济系统、水量系统、水质系统、水域系统以及水流系统等方面选择了23个指标，并通过主成分分析法对各系统的指标进行筛选[25]，筛选结果见图2.3-1。其中森林覆盖率可用来反映生态系统的稳定性[26]；喀斯特地区广泛分布的植被主要是灌木林，因此选用灌木林覆盖率可间接反映喀斯特地形分布[27]；石漠化面积比例可反映喀斯特及人类活动对区域地形的影响[26]；温湿指数可用来综合反映区域内气候条件的舒适程度[28]；地表起伏指数可用来综合反映地表的侵蚀切割程度[26]；河网密度能反映河流对地表的侵蚀密度；α、β、γ 指数分别指水系环度、节点连接率、网络连通度[29]，可用来反映水系结构特点。

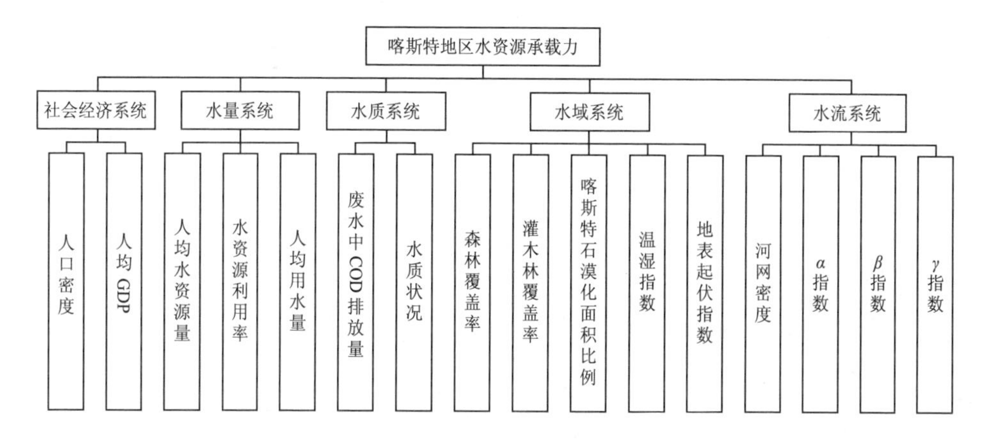

图2.3-1 喀斯特地区水资源承载能力评价指标体系

2.3.3 划分评价指标等级

2.3.3.1 指标的等级划分

在综合考虑贵州省喀斯特地区的水文地质特点、水资源特性、社会经济发展状况及生态环境用水量需求的基础上[24]，确定评价指标体系中各个指标的等级标准（见表2.3-2）。

2.3.3.2 各指标等级划分标准

本书在参考现有文献[24]～[30]、综合考虑贵州省水资源以及社会经济特点的基础上，根据各指标的具体情况，确定了评价指标体系及分级标准，见表2.3-3，标准中各个指标的权重由熵权法确定[31]。其中Ⅰ级表示可盈余承载，说明区域水资源具有较大的开发潜力，水资源供需情况良好；Ⅲ级表示基本平衡，说明区域水资源开发利用程度达到临界点，在一定程度上可以

表2.3-2　　水资源承载力评价指标体系中各指标等级确定

指　标	等　级		
	1级（强）	2级（一般）	3级（弱）
人口密度/(人/ km²)	<100	100～200	>200
人均GDP/(元/人)	>50000	30000～50000	<30000
人均水资源量/(m³/人)	>2500	1500～2500	<1500
供水模数/(万 m³/ km²)	>15	1～15	<1
地下水供水比例/%	>5	2～5	<2
水资源利用率/%	>70	20～70	<20
人均用水量/(m³/人)	>350	250～350	<250
废水中COD排放量/万t	<2	2～3	>3
生态环境用水率/%	<1	1～5	>5
水质状况	<22	22～24	>24

表2.3-3　　喀斯特地区水资源承载力评价指标体系及分级标准

指标		Ⅰ级	Ⅱ级	Ⅲ级	Ⅳ级	Ⅴ级	权重	极性
社会经济系统	人口密度	<50	50～150	150～250	250～350	>350	0.029	负向
	人均GDP	>50000	40000～50000	30000～40000	15000～30000	<15000	0.018	正向
水量系统	人均水资源量	>4000	2500～4000	1000～2500	500～1000	<500	0.067	正向
	水资源利用率	>70	55～70	40～55	15～40	<15	0.017	正向
	人均用水量	>450	350～450	250～350	200～250	<200	0.124	正向
水质系统	废水中COD排放量	<1.5	1.5～2.0	2.0～2.5	2.5～3.0	>3	0.022	负向
	水质状况	>25	24～25	22～24	20～22	<20	0.076	正向
水域系统	森林覆盖率	>0.7	0.6～0.7	0.5～0.6	0.4～0.5	<0.4	0.089	正向
	灌木林覆盖率	<0.15	0.15～0.20	0.20～0.25	0.25～0.30	>0.3	0.070	负向
	喀斯特石漠化面积比例	<0.15	0.15～0.25	0.25～0.30	0.30～0.40	>0.4	0.056	负向
	温湿指数	<55	55～58	58～60	60～65	>65	0.082	负向
	地表起伏指数	<0.5	0.5～0.6	0.6～0.7	0.7～0.8	>0.8	0.085	负向
水流系统	河网密度	>0.070	0.065～0.070	0.055～0.065	0.050～0.055	<0.050	0.133	正向
	α指数	<0.4	0.4～0.5	0.5～0.6	0.6～0.7	>0.7	0.043	负向
	β指数	<1.50	1.50～1.75	1.75～2.25	2.25～2.50	>2.50	0.040	负向
	γ指数	>0.8	0.7～0.8	0.6～0.7	0.5～0.6	<0.5	0.049	正向

保证供需平衡，维持水资源的可持续发展；Ⅴ级表示超载状况，说明区域水资源基本无可开发利用潜力，且无法满足社会经济的进一步发展；Ⅱ级、Ⅳ级分别为介于Ⅰ级和Ⅲ级、Ⅲ级和Ⅴ级之间的中间标准。指标极性是指指标对承载力的影响方向，若指标值越大越优，则表示该指标为正向指标；否则，该指标为负向指标。

2.4 水资源承载力评价理论

2.4.1 模糊综合评价法

模糊综合评价法需要构造隶属度函数对模糊指标进行量化分析，进而得到模糊评价矩阵，再确定各层因子的权重，计算各个等级的可能性值，最后根据最大隶属度原则确定评价结果。

2.4.1.1 确定因素集

因素集要首先确定目标层，在分析目标层特性的基础上，确定准则层的选取，按同样的步骤最终确定各项指标。指标结构体系见表2.4-1。

表2.4-1 指标结构体系

目标层	准则层	指标层
M	M_1	M_{11}
		M_{12}
	M_2	M_{21}
		M_{22}
	M_3	M_{31}
		M_{32}

2.4.1.2 确定评价集

评价集的确定是分析研究对象的评价区间的重要步骤，见表2.4-2。

表2.4-2 指标评价集

v_1	v_2	v_3
1级	2级	3级

2.4.1.3 确定模糊评价矩阵

目标层一般由多个子系统构成，需要分别对子系统进行分析，以及对子系统中的每个单因素指标进行模糊评价。单因素的模糊评价是 $V=\{v_1, v_2, v_3\}$ 上的模糊子集。以指标层各指标因子 M_{ij} 的评价为例，其在评价集 $V=$

$\{v_1, v_2, v_3\}$ 上的评价见表 2.4-3。

表 2.4-3　　指标层模糊评价

准则层	隶属度		
	v_1	v_2	v_3
M_{11}	r_{11}	r_{12}	r_{13}
M_{12}	r_{21}	r_{22}	r_{23}
M_{21}	r_{31}	r_{32}	r_{33}
M_{22}	r_{41}	r_{42}	r_{43}
M_{31}	r_{51}	r_{52}	r_{53}
M_{32}	r_{61}	r_{62}	r_{63}

注　r_{ij} 表示第 i 个指标隶属于第 j 个评价的可能性。

模糊综合评价法确定评价等级时需要构造隶属度函数。常用的有梯形分布、正态分布等，这里采用梯形分布，结合指标的不同特性，如正向、负向等，分别给出了正向与负向指标的隶属度函数，见图 2.4-1。

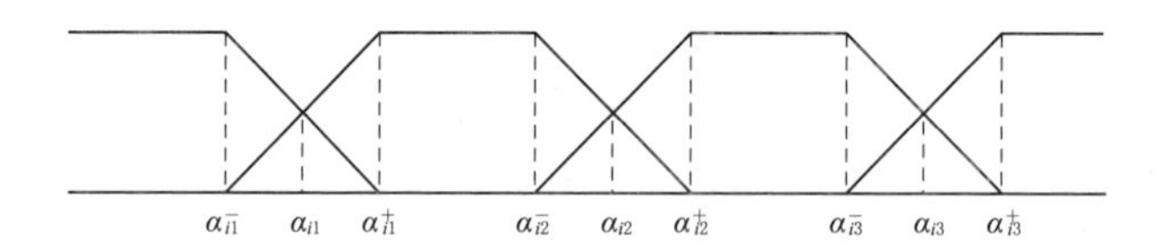

图 2.4-1　正向与负向指标隶属度函数示意图

以正向指标为例：

$$v_1(x_i)=\begin{cases}1 & x_i \leqslant \alpha_{i1}^{-} \\ \dfrac{\alpha_{i1}^{+}-x_i}{\alpha_{i1}^{+}-\alpha_{i1}^{-}} & \alpha_{i1}^{-}<x_i \leqslant \alpha_{i1}^{+} \\ 0 & 其他\end{cases} \tag{2.4-1}$$

$$v_2(x_i)=\begin{cases}\dfrac{x_i-\alpha_{i1}^{-}}{\alpha_{i1}^{+}-\alpha_{i1}^{-}} & \alpha_{i1}^{-}<x_i \leqslant \alpha_{i1}^{+} \\ 1 & \alpha_{i1}^{+}<x_i \leqslant \alpha_{i2}^{+} \\ \dfrac{\alpha_{i2}^{+}-x_i}{\alpha_{i2}^{+}-\alpha_{i2}^{-}} & \alpha_{i2}^{-}<x_i \leqslant \alpha_{i2}^{+} \\ 0 & 其他\end{cases} \tag{2.4-2}$$

$$v_3(x_i)=\begin{cases}1 & x_i \leqslant \alpha_{i2}^- \\ \dfrac{x_i-\alpha_{i2}^-}{\alpha_{i2}^+-\alpha_{i2}^-} & \alpha_{i2}^- < x_i \leqslant \alpha_{i2}^+ \\ 0 & \text{其他}\end{cases} \tag{2.4-3}$$

其中

$$\alpha_{i1}^-=\alpha_{i1}-\frac{1}{4}|\alpha_{i1}|, \quad \alpha_{i1}^+=\frac{3\alpha_{i1}+\alpha_{i2}}{4}$$

$$\alpha_{i2}^-=\frac{\alpha_{i1}+3\alpha_{i2}}{4}, \quad \alpha_{i1}^+=\alpha_{i2}+\frac{\alpha_{i1}}{4}$$

式中：α_{i1}、α_{i2} 为评价指标 x_i 的等级划分点；$v_1(x_i)$、$v_2(x_i)$、$v_3(x_i)$ 分别为评价指标 x_i 属于 1 级、2 级和 3 级时的隶属度。

对于递减型指标，只需交换 α_{i1}^- 和 α_{i1}^+ 的计算公式，判定范围相应改变即可，在此不再赘述。

2.4.1.4 模糊综合评价

由以上步骤，可计算出各个因子的模糊评判值 r_{ij}，再根据单一指标的权重以及模糊综合评判矩阵 R，各指标层与权重的乘积累加后可得到准则层的隶属度值。

如：

$$R_1(M_1)=w_{11}\cdot r_{11}+w_{12}\cdot r_{21}+\cdots \tag{2.4-4}$$

式中：w_{11}、w_{12} 分别为各个指标的权重。

同样的，根据准则层的权重及隶属度计算目标层的隶属度值 $R(M)$。

即

$$R(M)=w_1\cdot R_1+w_2\cdot R_2+\cdots \tag{2.4-5}$$

式中：w_1、w_2 分别为准则层各项的权重。

2.4.1.5 最大贴近度评判原则

由于隶属度值经常出现小于 0.5 的情形，不能采用最大隶属度准则作为最终评价。这里选择最大贴近度法确定评价对象的最终评价等级。

设 $S_k=\max S_h$，计算出 $\sum_{h=1}^{k-1}S_h$ 以及 $\sum_{h=k+1}^{m}S_h$，其中 S_h 表示评价对象属于第 h 等级的可能性。

（1）如果 $\sum_{h=1}^{k-1}S_h<0.5$ 且 $\sum_{h=k+1}^{m}S_h<0.5$，则按 S_k 的等级进行评定。

（2）如果 $\sum_{h=1}^{k-1}S_h\geqslant 0.5$，则按 S_{k-1} 的等级进行评定。

(3) 如果 $\sum_{h=k+1}^{m} S_h \geqslant 0.5$，则按 S_{k+1} 的等级进行评定。

2.4.1.6 确定指标权重

指标权重是用来量化指标重要程度的一个十分关键的值。权重本质上是人为的、相对的，没有绝对的对错之分，也没有绝对的判断标准。从对目标层的评价结果来看，当权重较大时，则表示该指标起到的作用越大，不可忽视；反之，则表示该指标起到的作用相对较小。总体上来看，可分为主观方法和客观方法。

主观法是指人们按照自身对研究对象的理解、结合自己的知识经历等各方面的要素，从主观上判断指标的重要程度，最后确定权重。客观法则是利用已知信息和所选指标之间的关联程度来确定指标权重，其客观性很大程度上取决于原始数据的客观性。

这里选用熵权法进行计算。熵权法属于客观赋权法中的一种。其中，熵的概念来自于热力学统计中的一个物理概念，熵的含义是表示物质内部或者系统内部的无序程度。

当熵的概念与信息论结合时，熵权法也就随之诞生。第一次将“熵”的概念引入到信息论中的是美国科学家 Shannon。在信息论中，熵主要用来反映信息量的大小。在目前评价指标体系中，评价指标的信息量越大（指标变动越大），则它的熵值越小，其权重也应该越小；反过来，评价指标的信息量越小（指标变动越小），则它的熵值越大，其权重也应该越大。

熵权法基本步骤如下：

(1) 构建评价对象以及评价指标。

(2) 进行归一化处理。归一化处理方法如下：

1) 对于正向指标：

$$t_{ij}=\frac{h_{ij}-\min\{h_{ij}\}}{\max\{h_{ij}\}-\min\{h_{ij}\}} \tag{2.4-6}$$

2) 对于负向指标：

$$t_{ij}=\frac{\max\{h_{ij}\}-h_{ij}}{\max\{h_{ij}\}-\min\{h_{ij}\}} \tag{2.4-7}$$

(3) 计算指标的信息熵。以 q_{ij} 表示第 i 个评价对象的第 j 项指标的比重：

$$q_{ij}=\frac{t_{ij}}{\sum_{i=1}^{m} t_{ij}} \tag{2.4-8}$$

以 e_j 表示第 j 项指标的熵值，则

$$e_j = \frac{-1}{\ln m}\left(\sum_{i=1}^{m} q_{ij} \ln q_{ij}\right) \tag{2.4-9}$$

（4）计算权重。

$$w_i = \frac{1 - e_j}{\sum_{j=1}^{n}(1 - e_j)} \tag{2.4-10}$$

2.4.2 量、质双要素综合评价

量、质双要素综合评价是在单要素指标评价的基础上，采用短板法和风险矩阵法对水质要素和水量要素进行综合评价的方法。其中，短板法是指在单要素的各指标评价结果中，选取最不利的指标评价结果分别作为水量、水质要素的评价结果。风险矩阵法则是指综合考虑水量要素和水质要素，按照评级原则最后确定评价矩阵的等级，因此可避免发生一票否决的现象，评价结果也更加全面。

2.4.2.1 短板法

短板法选取水量要素（或水质要素）的评价指标中最不利的指标评价结果作为水量（或水质）的评价结果，可以理解为一种特殊的风险矩阵，因此，短板法的评价结果容易出现跳跃性。单要素评价指标的阈值见表 2.4-4。

表 2.4-4 单要素评价指标的阈值

指标		不超载	临界状态	超载
社会经济方面	人口密度/(人/km^2)	<100	100～200	>200
	人均 GDP/(元/人)	>50000	30000～50000	<30000
水量方面	人均水资源量/(m^3/人)	>2500	1500～2500	<1500
	供水模数/(万 m^3/km^2)	>15	1～15	<1
	地下水供水比例/%	>5	2～5	<2
	水资源利用率/%	>70	20～70	<20
	人均用水量/(m^3/人)	>350	250～350	<250
水质方面	废水中 COD 排放量/万 t	<2	2～3	>3
	生态环境用水率/%	<1	1～5	>5
	水质状况	<22	22～24	>24

2.4.2.2 风险矩阵法

水量要素需要考虑水资源的开发利用情况，使其保持在可开发利用量以内；水质要素则要考虑不同水体的水质情况，使其水质能够符合要求，基于此，可得到量、质双要素的综合评价风险矩阵，见表 2.4-5。

表 2.4-5 量、质双要素综合评价风险矩阵

水质承载状况等级	水量承载状况等级		
	不超载	临界超载	超载
不超载	不超载	临界超载	超载
临界超载	不超载	临界超载	超载
超载	临界超载	超载	超载

2.5 基于“量、质、域、流”的水资源承载力评价

2.5.1 物元可拓法

物元可拓法主要步骤为[23]：①确定经典域 R_{0j}、节域 R_p 以及待评物元 R_k；②确定指标权重 W；③计算各指标对应各等级的关联度 $K_j(v_{ij})$；④计算综合关联度 $K_j(N)=\sum_{i=1}^{n}\omega_i K_j(v_{ij})$；⑤评定等级。传统的物元可拓法在计算超过节域的指标时，会出现分母为零的情况，因此，本书采用改进的物元可拓法计算其关联度，公式如下：

$$D_{ij}=\left|v_i'-\frac{a_{ij}'+b_{ij}'}{2}\right|-\frac{b_{ij}'-a_{ij}'}{2} \tag{2.5-1}$$

$$K_j=1-\sum_{i=1}^{n}\omega_i D_{ij} \tag{2.5-2}$$

式中：v_i'、a_{ij}'、b_{ij}'分别为标准化处理后（同时除以节域的右端点 b_p）的 v_i、a_{ij}、b_{ij}；v_i 为第 i 个指标值；a_{ij}、b_{ij} 分别为第 i 个指标在第 j 等级经典域的左端点和右端点；D_{ij} 为指标到量值范围的距离；ω_i 为指标 i 的权重；K_j 为改进后的综合关联度；n 表示指标个数。

2.5.2 正态云模型

正态云模型主要步骤为[32]：①以 E_n 为期望、H_e 为标准差生成正态随机数 E_n'；②再以 E_x 为期望、E_n' 为标准差生成正态随机数 x_i；③计算联系度 $\mu_i=\exp\left[-\frac{(x_i-E_x)^2}{2E_n^2}\right]$，$(x_i,\mu_i)$ 即构成云像；④通过云发生器可逆向确定指标 x_i 的隶属度 μ_i。

涉及公式为

$$E_{x_{ij}}=\frac{|a_{ij}-b_{ij}|}{2},\quad E_{n_{ij}}=\frac{(a_{ij}-b_{ij})^2}{2.355} \tag{2.5-3}$$

式中：a_{ij}、b_{ij} 分别为指标 i 在等级标准 j 的端点值。

2.5.3 集对分析评价

集对分析是将样本的各个指标值看作一个集合 A，其对应的指标评价标准看作集合 B_k，则 A 与 B_k 可构成一个集对 (A,B_k)[33]。集对 (A,B_k) 的联系度 μ 可定义为

$$\mu=\mu_{A-B}=\sum_{i=1}^{n}\omega_i\mu_i \tag{2.5-4}$$

式中：ω_i 为指标 i 的权重；μ_i 为指标 i 的联系度，其计算公式如下（以负向指标为例）：

$$\mu_i=\begin{cases}1, & x_i\leqslant s_1\\ \dfrac{s_1+s_2-2x_i}{s_2-s_1}+\dfrac{2x_i-2s_1}{s_2-s_1}i_1, & s_1<x_i\leqslant\dfrac{s_1+s_2}{2}\\ \dfrac{s_2+s_3-2x_i}{s_3-s_1}i_1+\dfrac{2x_i-s_1-s_2}{s_3-s_1}i_2, & \dfrac{s_1+s_2}{2}<x_i\leqslant\dfrac{s_2+s_3}{2}\\ \dfrac{s_3+s_4-2x_i}{s_4-s_2}i_2+\dfrac{2x_i-s_2-s_3}{s_4-s_2}i_3, & \dfrac{s_2+s_3}{2}<x_i\leqslant\dfrac{s_3+s_4}{2}\\ \dfrac{2s_4-2x_i}{s_4-s_3}i_3+\dfrac{2x_i-s_3-s_4}{s_4-s_3}j, & \dfrac{s_3+s_4}{2}<x_i\leqslant s_4\\ 1, & x_i>s_4\end{cases} \tag{2.5-5}$$

式中：s_1、s_2、s_3、s_4 分别为评价等级的门限值；x_i 为第 i 个指标值。

对于正向指标的联系度，可将门限值倒序，各指标值对应各区间，即可计算对应的联系度。

2.5.4 综合评价

基于模糊综合评价、物元可拓评价、正态云模型和集对分析评价四种方法可确定各个指标对不同等级的隶属度（关联度、联系度），若按最大隶属度原则确定最终等级，不能充分考虑其余等级的评价结果，因此，本书采用加权平均法来计算最终的评价等级。同时，为了便于比较上述四种评价方法的评价结果，本书引入级别变量特征值 j^* 作为评价的最终等级[34]，其计算公式为

$$\overline{K}_j(p_0)=\frac{K_j(p_0)-\max[K_j(p_0)]}{\max[K_j(p_0)]-\min[K_j(p_0)]} \tag{2.5-6}$$

$$j^{*}=\frac{\sum_{j=1}^{n}j\times\overline{K}_{j}(p_{0})}{\sum_{j=1}^{n}\overline{K}_{j}(p_{0})} \tag{2.5-7}$$

式中：$K_j(p_0)$ 为待评价单元 p_0 在等级 j 的综合隶属度；$\overline{K}_j(p_0)$ 为归一化之后的隶属度；j^* 为级别变量特征值，其值可以反映评价等级向相邻级别的偏向程度。

2.6 本章小结

本章首先介绍了水资源承载力的内涵（物理内涵、社会经济内涵和生态环境内涵），以及水资源承载力的动态变化性、极限性、可调控性和不确定性；然后介绍了如何运用生态足迹法进行水资源承载力的计算，并介绍了水资源承载力评价指标选取原则，从水量水质和“量、质、域、流”两方面分别构建评价指标体系以及划分评价指标等级；接着介绍了水资源承载力的两种评价方法，即模糊综合评价和量、质双要素综合评价法，最后介绍了“量、质、域、流”的水资源承载力评价方法，包括物元可拓法、正态云模型、集对分析评价和综合评价方法。

第3章 荷载均衡内涵分析

3.1 荷载均衡理念的提出

国家重点研发计划水资源高效开发利用重点专项“国家水资源承载力评价与战略配置”的“国家水资源协同配置模型与方案研究”课题组研讨认为：水资源系统荷载均衡是指经济社会发展带来的水资源负荷与水资源承载力相匹配，这种匹配包含研究单元内部的单元均衡、不同研究单元之间的空间均衡以及考虑未来可持续发展的代际均衡三个层次。

单元均衡主要从“量、质、域、流”四个维度来表征，建立承载压力指数；空间均衡主要是基于单元均衡的压力指数建立空间均衡指标，但存在配置单元间横向联系辨别困难的问题，即不同评价单元均衡度的可比性难；代际均衡理念主要考虑可持续发展理论，指在现在和未来年份之间保障自然资源的公平、均衡分配，代际均衡更强调在大的时间尺度上持续稳定地改善水资源承载状况，尤其避免承载压力在某一时期过于集中，对生态环境造成不可逆的破坏，代际均衡的量化同样基于单元的承载压力指数。

3.2 荷载均衡国内外研究进展

水资源承载力研究主要体现在水资源承载容量和最大承载能力，水资源荷载均衡研究主要体现在负荷与承载力之间的平衡关系，水资源承载力理论是荷载均衡研究的理论基础，水资源荷载均衡研究是水资源承载力的扩展延伸。水资源荷载均衡与水资源承载力的内涵与特性基本一致。

3.2.1 国外研究进展

国外对水资源承载力的研究通常与可持续发展理论相结合[35]，例如，可持续利用水量、水资源供需比等概念的出现。城市水资源综合管理是水资源可持续利用的重要前提[36]。Falkenmark[37] 用较简单的数学计算研究了全球和一些发展中国家的水资源使用限度，为水资源承载力的专门研究提供了一定的基础。Harris 等[38] 计算了农业水资源承载力；Rijsberman 等[39] 指出在可持续发展过程中，承载力对保障水安全起到重要作用；Ngana 等[40] 在坦桑尼亚东北部水资源管理发展战略环境评价中指出，当地水资源没有可持续利用，且水资源管理存在缺陷。粮食、能源等系统与水资源承载力的相互关系和水安全成为研究热点；Avogadro 等[41] 介绍了一种涵盖质与量的水资源规划方法；Makoto 等[42] 分析了亚太地区 32 个国家的水、能源、粮食资源量、自产量和种类，发现亚太国家的收入和人口几乎占世界一半，相比世界其他国家，能源生产方面满足程度较低，但粮食生产方面自给自足。经济发展与水资源需求、水生态问题的突出，部分学者也开始将水资源承载力向水生态、水环境扩展，为水资源承载力的研究提供了一定思路。Pandey 等[43] 运用了生态承载力、调水对消除水资源不足的贡献程度、获得资源和技术的程度和社会资源适应性四项参数，代表水资源系统压力和经济承载能力，评估了尼泊尔流域的水资源系统适应性能力；Kuylenstierna 等[44] 发现许多国家对水资源开发利用时并没有考虑可持续发展理念，应该采取有效的水资源开发措施解决这一问题；Souro[45] 建立了一个城市承载能力评估框架，通过对排水和垃圾处理以及供水、污水纳污能力等方面进行定量和定性的评估，提出了提升城市承载能力的建议及措施。

3.2.2 国内研究进展

水资源承载力在我国的研究起点是西北干旱半干旱地区，1988 年新疆水资源软科学课题组开展了水资源承载规模的研究，研究了新疆水资源承载力及开发战略[46]。随着我国西北内陆区和北方地区部分流域水资源供需矛盾、水生态退化等问题的出现，水资源承载力研究开始受到社会各界的关注。虽然水资源承载力的研究成果蓬勃发展，但目前为止未形成一个统一的完整理论体系，对水资源承载力的概念、评价指标体系和评价方法未形成一个统一的认识，需要进一步研究，提出普适统一的概念、评价指标体系和评级方法。

1. 评价指标体系

惠泱河等[47] 认为指标选择需要以区域为主体综合评价，并兼顾自然和人文要素、水量和水质等指标，不仅需要列出必要的水文资料，还应当加入能反映水资源可利用程度的指标和供需情况以及满足度指标，而且必须是动态指标体系。王友贞等[48] 认为指标体系应当能反映水资源的供需平衡状况、承载状况以及开发利用潜力，并能给出水资源系统能够承载的最大经济规模和人口规模，既要反映水资源数量、质量、可利用量、开发利用状况及其动态变化对水资源承载力的影响，又要反映被承载的社会经济发展规模、结构及发展水平变化对承载力的影响；辛松梅等[49] 根据指标选取的SMART原则，结合河南省新乡市的实际情况，并考虑社会、经济、技术和生态等因素确定了水资源承载力评价指标；刘颖秋[50] 运用灰色关联度法讨论了区域水资源保护评价指标体系，对我国31个省（自治区、直辖市）2010年水资源保护状况进行评价，为有关部门加强水资源保护宏观管理提供参考；康艳和宋松柏[51] 根据水资源承载力理论，以灰色系统理论为基础，构建三江平原八个区域水资源承载力评价指标体系，确定指标等级标准，建立变权灰色关联评价模型，评价了三江平原八个区域的水资源承载力状况；戴明宏等[52] 设立水资源、社会经济、生态环境三个准则层，并确定了水资源承载力评价指标，提出了一种模糊综合评判模型，并采用多元统计的方法评价具有喀斯特地貌特点的贵阳市的水资源承载能力；王建华等[53] 认为水资源承载力直接与水资源可利用量有本质的联系，而水资源可利用量又受到水量、水质和水域空间的限制，提出了水量、水质、水域和水流四个维度的水资源承载力指标体系。

2. 评价方法

关于水资源承载力的研究方法可以分为以下三类：

（1）从水资源承载客体出发，分析一定时空范围内水资源系统所能承载的人口和经济总量。在分析新疆水资源形成机制、特点、优势以及长期趋势和开发潜力后，新疆水资源软科学课题研究组运用常规趋势方法研究了新疆水资源承载力，并提出了关于开发和利用水资源的决策[46]。王浩等[54] 针对内陆干旱区生态环境脆弱的特点，探讨了水资源承载力的主要研究内容、特性和影响因素，分析计算了西北重点地区水资源的承载规模。谢高地等[55] 在定义水资源承载能力的基础上，估算我国水资源人口承载力、水资源对居民生活、工业和农业的承载力、水资源环境承载力及水资源超载率。滕朝霞等[56] 建立了多目标模型，分别对六种水资源配置方案进行水资源承载力进行评价，计算了济南市2005年、2010年、2020年在六种方案下能够承载的最大人口和经济社会发展规模。王建华等[53] 从水资源、社会经济、水生态、水环境综合角度，基于“量、质、域、流”四大方面构建水资源承载力评价指标体系，以承载人口数量为水资源承载力度量标准，对天津市2015年水资源承载状况进行评价。

（2）从水资源承载主体和客体出发，在研究区域中设置不同的经济社会用水情景与发展方案，通过仿真模拟等手段分析水资源系统的承载能力能否满足用水负荷。何仁伟等[57] 建立贵州省毕节市水资源承载力系统动力学模型，进行动态模拟和调试，对五种用水调控方案进行评价并做出对比分析。张振伟等[58] 通过对水资源承载现状的研究以及系统动力学仿真模型，定量计算和模拟了河北省市水资源承载力。王勇等[59] 利用天津市水资源承载力系统动力学仿真系统，模拟了在不同水资源配置方案下，2011—2030 年天津市水资源承载力的变化，为天津市水资源协调配置提供参考依据。

(3) 在构建水资源承载力评价指标体系的基础上，对现状年进行综合评价。金菊良等[60] 建立了基于熵和改进的模糊层次分析法的水资源可持续利用综合评价模型，以计算综合评分的方式评价汉中盆地水资源可持续利用和承载状况。周亮广等[61] 运用主成分分析法选取 3 个主成分来代表影响喀斯特溶岩区水资源承载力的 15 个指标，并采用熵权法进行指标赋权，计算 1998—2003 年贵阳市水资源承载力综合评分。袁伟等[62] 建立水资源承载能力的评价指标体系，采用主成分分析法获得水资源承载能力的主要驱动因子，计算水资源承载能力综合评分。姜秋香等[63] 在三江平原水资源承载力研究中，建立了适合三江平原的水资源承载力评价指标体系与评价标准等级，运用 PSO - PPE 模型综合评价三江平原水资源承载力。宰松梅等[49] 以支持向量机为评价理论基础，采用水资源承载力指数的形式反映 1995—2008 年新乡市水资源承载状况。肖迎迎等[64] 通过主成分分析法得到影响榆林市水资源承载力的 4 个主成分，综合评价了榆林市各区水资源承载力。周念清等[65] 采用承载指数，通过建立模糊识别模型，选取人均用水量、万元 GDP 用水量等 6 个评价指标，评价了 2002—2011 年许昌市水资源承载力。

3.3 荷载均衡的内涵解析

3.3.1 单元均衡

水资源是一个内部联系复杂的大系统，是各种子系统的有机结合，各个子系统之间相互影响和制约。随着我国水资源的取、用量急剧增加，我国水资源安全保障主要矛盾发生了转变，由供给不足转向过度开发水资源以及水环境容量减小所产生的外部性问题。

传统水资源的研究着眼于供给状况，注重水质和水量研究。但是随着我国城市化的加快、水景观的营造以及水利工程的大规模兴建，水域空间受到挤占，水文过程扰动明显，因此，在进行水资源荷载均衡分析时，必须协调承载主体和承载客体之间的关系，从“量、质、域、流”四个方面进行调控，从而保证在特定的经济社会发展情景下，实现供水安全、水质达标、水域稳定和生态良好的水资源平衡态。单元均衡主要从“量、质、域、流”四个维度来表征，建立承载压力指数。

3.3.2 空间均衡

在进行水资源研究时，除了考虑研究单元内部的“量、质、域、流”外，在评价时还应考虑空间均衡，即考虑不同区域之间的水资源均衡状态与区域内部发展的匹配程度，进而为区域之间的水资源分配提供依据。在单元内部负荷均衡的基础上，空间均衡更强调单元之间的承载压力的相对均化。同时，通过单元之间的空间均衡调节，进一步实现单元的负荷均衡。建立空间均衡量化表达的难点在于配置单元间横向联系的辨别。

3.3.3 代际均衡

承载压力在某一时期过度集中，会对生态造成一些不可逆的破坏，因此还要注重长时间尺度上的代际均衡，保证水资源承载力的持续稳定状态。代际均衡思想是基于可持续发展理论提出的，是指为了保障当今和未来人口、经济与水资源之间的匹配程度而公平、合理地进行资源分配。代际均衡更强调水资源承载状况在大的时间尺度上的持续稳定改善，避免由于水资源超载对生态环境造成不可逆的破坏。

3.4 荷载均衡的量化方法

3.4.1 单元均衡

将贵州省按行政区划分成九个单位，分别统计各市（州）指标数据，借助熵权法赋权并计算其水资源均衡度。

3.4.1.1 熵权法

熵是热力学中的一个物理概念，表征系统混乱或无序的程度[66]。熵权法则是针对某项指标，用熵值来表征该指标数值的离散程度，熵值越小则指标的离散程度越大，该指标对综合评价的影响即权重就越大；如果指标值全部相等，则该指标在综合评价中不起作用。具体计算步骤如下：

（1）数据标准化。对 n 个样本，m 个指标，记 x_{ij} 为第 i 个样本的第 j 个指标的数值（$i=1,\cdots,n$；$j=1,\cdots,m$）。由于各指标的计量单位并不统一，在用它们计算综合指标前，先要进行标准化处理，即把指标的绝对值转化为相对值，从而解决各项不同指标值的同质化问题。正向指标和负向指标数值代表的含义不同，对于正向、负向指标需要采用不同的算法进行数据标准化处理。

正向指标：

$$x_{ij}'=\frac{x_{ij}-\min(x_{1j},\cdots,x_{nj})}{\max(x_{1j},\cdots,x_{nj})-\min(x_{1j},\cdots,x_{nj})} \tag{3.4-1}$$

负向指标：

$$x'_{ij}=\frac{\max(x_{1j},\cdots,x_{nj})-x_{ij}}{\max(x_{1j},\cdots,x_{nj})-\min(x_{1j},\cdots,x_{nj})} \tag{3.4-2}$$

为了方便起见，归一化后的数据 x'_{ij} 仍记为 x_{ij}。

(2) 计算第 j 项指标下第 i 个样本值占该指标的比重：

$$p_{ij}=\frac{x_{ij}}{\sum_{i=1}^{n}x_{ij}},\ i=1,\cdots,n;\ j=1,\cdots,m \tag{3.4-3}$$

(3) 计算第 j 项指标的熵值：

$$e_j=-k\sum_{i=1}^{n}p_{ij}\ln p_{ij},\ j=1,\cdots,m \tag{3.4-4}$$

其中：$k=1/\ln n>0$，$e_j\geqslant 0$。

(4) 计算信息熵冗余度：

$$d_j=1-e_j,\ j=1,\cdots,m \tag{3.4-5}$$

(5) 计算各项指标权重：

$$w_j=\frac{d_j}{\sum_{j=1}^{m}d_j},\ j=1,\cdots,m \tag{3.4-6}$$

3.4.1.2 单元均衡度

本书采用单元均衡度来衡量研究区域的水资源均衡状态，借助共计 18 个指标，即降水量、人均水资源量、人均日生活用水量、万元 GDP 用水量、万元工业增加值用水量、水资源开发利用率、产水模数、农田灌溉亩均用水量、灌溉水有效利用系数、耗水量、污水排放总量、优良河长水质比例、水功能区水质达标率、饮用水源地水质达标率、森林覆盖率、水土流失率、水流阻隔率、径流阻碍度，以其指标的现状值与对应标准值的比值表示区域的荷载均衡程度，其计算公式如下[67]：

$$I_i=\sum_{j=1}^{m}w_j\cdot\frac{x_{ij}}{l_j} \tag{3.4-7}$$

式中：I_i 为第 i 个区域的单元均衡度；w_j 为第 j 个指标的权重；x_{ij} 为第 i 个区域的第 j 个指标值；l_j 为第 j 个指标的标准值。

将指标正向归一化后，可知均衡度应当与承载能力成正比，因此以 I_i 作为分界线，其具体分级情况见表 3.4-1[67]。

表 3.4-1 单元均衡度的承载力等级

单元均衡度	承载力等级	单元均衡度	承载力等级
0.5～0.7	严重超载	1.1～1.3	可承载
0.7～0.9	超载	1.3～1.5	承载潜力大
0.9～1.1	荷载均衡	1.5～1.7	完全可承载

3.4.2 空间均衡

空间均衡是在区域自身水资源荷载比较均衡的基础上，对区域内部组成部分荷载均衡度的分配情况进行分析。

3.4.2.1 基尼系数

在区域单元荷载均衡的基础上，空间均衡更强调单元内各组成部分间负荷分布的均匀程度，意在通过调节单元内部的空间均衡状态来进一步巩固自身单元均衡。

本书借用经济学中的基尼系数概念描述研究区域的人口和GDP对单元均衡度的贡献。基尼系数是国际上通用的、用以衡量一个国家或地区居民收入差距的常用指标，其数值介于0和1之间，值越大则不平等程度越高。基尼系数是根据洛伦兹曲线计算得出的，以直线 $y=x$ 表示收入分配的绝对均衡，将实际收入从低到高排序后求累计百分比而形成的曲线为实际收入分配曲线，两线间的区域面积为 A，曲线下方面积为 B，见图 3.4-1，则基尼系数为[68]：

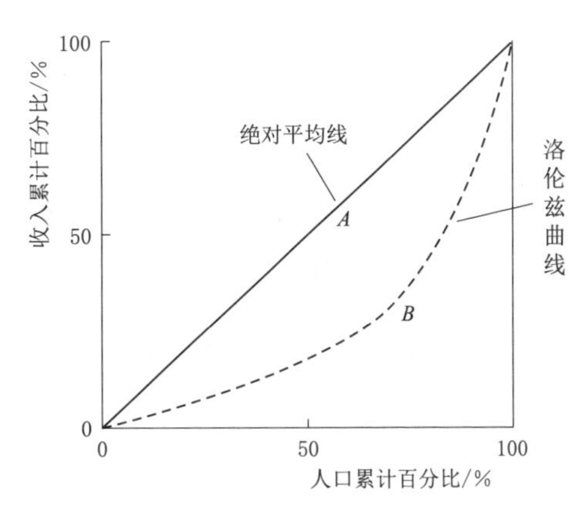

图 3.4-1 洛伦兹曲线示意图

$$\text{Gini}=\frac{A}{A+B} \tag{3.4-8}$$

3.4.2.2 空间均衡度

计算各区县的单元均衡度并按从小到大排序，之后计算区县数和单元均衡度的累计百分比，以均衡度累计百分比为 Y 轴、区县个数累计百分比为 X 轴绘制洛伦兹曲线，最后借助多项式拟合曲线并计算其在 [0,1] 上的定积分得到面积 B，则基尼系数为

$$\text{Gini}=\frac{0.5-B}{0.5} \tag{3.4-9}$$

本书所使用的基尼系数不是指用于分析财产的分配平等程度，而是各市（州）单元均衡度在县级区域上的分配均匀程度，两者的原理基本一致，因此借用经济学上的基尼系数等级划分，具体分级表见表3.4-2[68]。

表3.4-2 空间均衡度等级划分

基尼系数	空间均衡度	基尼系数	空间均衡度
<0.2	完全均衡	0.4～0.5	差异较大
0.2～0.3	比较均衡	>0.5	均衡度悬殊
0.3～0.4	相对合理		

3.4.3 代际均衡

代际均衡是以可持续发展理论为指导思想，基于历史和现状年对区域未来荷载状况进行预测之后进行的单元均衡程度计算，分析当前社会经济系统发展速度与有限的水资源系统之间存在的矛盾，避免出现区域水资源荷载不均衡随时间增长，最终超载并对生态环境造成不可逆的损伤情况。

3.4.3.1 系统动力学

系统动力学基于系统论，吸收信息论的精髓，是一门认识系统问题和解决系统问题的综合性学科，最早出现于1965年，被称为工业动态学[69]。它能定量和定性地分析问题，从系统内部各单元出发，组成基本结构模型，进而模拟和评价系统的动态行为。

1. 系统动力学原理

系统动力学主要关注各要素之间的因果联系，这种因果循环构成系统的结构，该结构的运转是系统行为的决定性因素。因此系统动力学首先分析系统构成、明确因素间的逻辑关系，之后绘制系统各部分的因果关系回路图，再转变为系统流图。利用大量的原始数据和信息，初步建立系统动力学模型，验证其准确性后通过仿真语言和仿真软件对该模型完成计算机模拟，对现实系统进行仿真。

2. 数量分类

在系统动力学中，积量（level）表示真实世界里，随时间的推移而增减的事物，其中包含可见量（如存货水平、人员数等）与不可见的量（如认知负荷的水平或压力水平等），它代表了某一时刻环境变量的状态，是模式中信息的来源。率量（rate）表示某一个积量在单位时间内的变化量，它可以是单纯地表示增加、减少或是净增加率，是信息更新的工具。辅助变量（auxiliary）在模式中有三种含义：信息处理的中间过程、参数值或测试函数，其中前两种含义都可视为率量的一部分。常量（constant）则是研究时段内不随时间变化的量。

3．结构组成

系统动力学建模的基本单位是因果回馈回路。回路是由现状、目标以及两者间的差距所产生的变化所构成的，其行为意在消除目标与现状之间的差距。追寻目标、力图控制回路变量趋于稳定的回路称为负反馈回路，此外还有一种实现自我增强的正回馈回路，使得因果相互增强。但除此之外结构还应包括时间滞后的过程，因为在实体的过程（例如生产、运输、传递等）或是无形的过程（例如决策过程）以及认知的过程等都存在着或长或短的时间延迟。

系统中的运作以六种流来表示，包括订单（order）流、人员（people）流、资金（money）流、设备（equipment）流、物料（material）流与信息（information）流，这六种流归纳了系统运作所包含的基本结构。系统动力学的建模过程，主要就是通过观察系统内六种流的交互运作过程，讨论不同流里积量的变化以及影响积量的各种率量的行为。

4．建模步骤

（1）确定系统边界：明确建模目标，即要解决怎样的实际问题，主要包括系统的预期值、研究时段、关键变量及参数等。

（2）系统结构分析：分析系统整体反馈流程，根据系统各要素之间的因果关系构建反馈回路，确保回路是闭合的，明确各回路在系统中的位置，并绘制反馈回路图。

（3）构建系统动力学模型：将反馈回路图转换为流图，在流图中添加相关方程式。

（4）计算机模拟：将原始变量和常量代入系统方程式，得出计算结果并绘制图表。

（5）模型修正：对计算结果进行分析，判断其与目标之间的差距，差距过大则弥补结构缺陷、修正方程式、更改参数，并返回步骤（4）重新计算；符合要求则进入结果评价阶段。

（6）结果评价：进行历史检验、灵敏度检验，调整变量参数以设计不同方案并模拟结果，为未来实际调控提供理论依据。

绘制水资源供用因果关系回路图，构建社会经济系统供用水模型，见图3.4-2，并以贵阳市模型为例，将部分变量具体公式列于表3.4-3中。表3.4-3中水平变量的变化率经过模拟确定，初值为2010年原始数据。常量中，生态用水量基本处于水平波动趋势，因此取多年平均值；城镇和农村生活用水定额参照贵州省水资源三条红线确定；地表水量为多年平均径流量；水资源利用率参考国际水资源利用率警戒值确定。

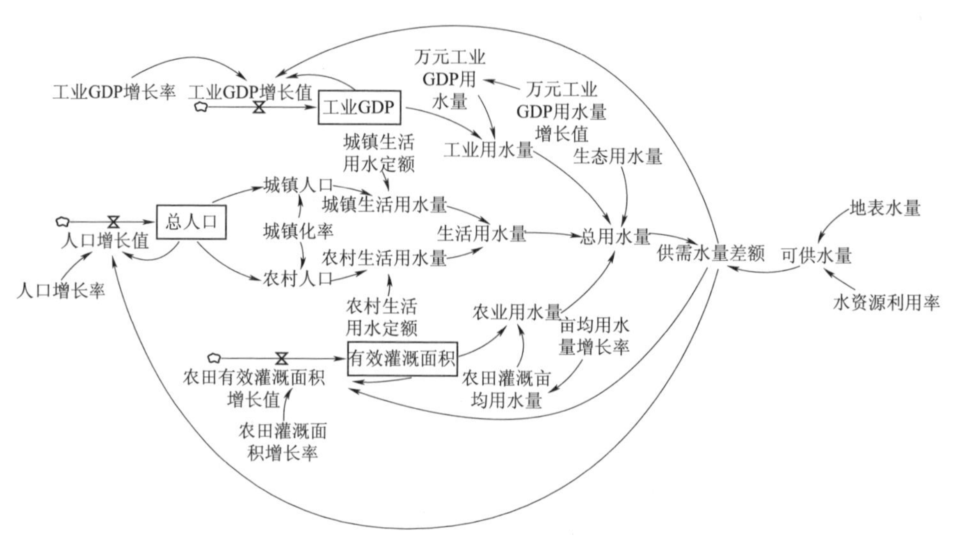

图 3.4-2 水资源供用因果关系回路图

表 3.4-3 系统动力学模型部分变量公式

变量种类	变量名称	公式
水平变量	工业 GDP	工业 GDP=INTEG（工业 GDP 增长值，352.77×10^{8}）
	工业 GDP 增长率	工业 GDP 增长率=INTEG（0.7×工业 GDP 增长率，0.29）
	万元工业 GDP 用水量	万元工业 GDP 用水量= INTEG（万元工业 GDP 用水量增长值，155.34×10^{-4}）
	万元工业 GDP 用水量增长率	万元工业 GDP 用水量增长率= INTEG（0.7×万元工业 GDP 用水量增长率，−0.322）
	总人口	总人口=INTEG（人口增长值，432.9×10^{4}）
	人口增长率	人口增长率=INTEG（0.95×人口增长率，0.015）
	城镇化率	城镇化率=INTEG（0.02，0.6813）
辅助变量	工业 GDP 增长值	工业 GDP 增长值=工业 GDP×工业 GDP 增长率
	万元工业 GDP 用水量增长值	万元工业 GDP 用水量增长值=万元工业 GDP 用水量×增长率
	工业用水量	工业用水量=工业 GDP×万元工业 GDP 用水量
	人口增长值	人口增长值=总人口×人口增长率
	城镇人口	城镇人口=总人口×城镇化率
	农村人口	农村人口=总人口×（1−城镇化率）
	总用水量	总用水量=工业用水量+生活用水量+农业用水量+生态用水量
	可供水量	可供水量=地表水量×水资源利用率
	供需水量差额	供需水量差额=可供水量−总用水量

续表

变量种类	变量名称	公　式
常量	生态用水量	生态用水量＝0.02×10^8
	城镇生活用水定额	城镇生活用水定额＝51.1
	农村生活用水定额	农村生活用水定额＝32.9
	地表水量	地表水量＝45.15×10^8
	水资源利用率	水资源利用率＝0.4

3.4.3.2　代际均衡及水资源极限承载力

检验结果合格后将模型模拟时段延长至2030年，得出模拟时段内各指标具体数值以及变化情况，并以供需水差额作为研究区域未来水资源荷载均衡程度的表征指标，即代际均衡度。

利用系统动力学模型求解的万元GDP用水量，以各地区多年平均水资源量为边界条件计算2030年该地区水资源系统最多能够承载的地区生产总值，再除以模拟得到的当年人均生产总值算出相应的人口值，为地区经济发展规划提供理论依据。

3.5　荷载均衡在水资源管理中的作用

水是基础性的自然资源和战略性的经济资源，是一切发展规划的基础和制约因素。水利是经济社会发展的基础设施，是实现全面、协调、可持续发展的重要保障。大自然供给人类的水资源是不均衡的，人类要与自然和谐相处，就应该努力认识并顺应这种不均衡。具体地说，一个流域、一个地区的经济发展要充分考虑水资源条件，按照水资源状况筹划经济社会发展布局。缺水地区要限制高耗水的工业、农业，鼓励发展高科技的产业；水资源丰沛地区，在处理好排污的基础上，则可以发展一些高耗水产业。这样，各地区各流域之间由于自然的差别带来产出的多样化，从而形成各展所长、优势互补的区域特色经济，充分满足社会的各种需求，达到社会生产的高效益[70]。

在经济持续高速发展的过程中，人类活动对生态水环境的干预大大加强，一定区域内尤其是城市生态水环境遭到严重破坏，经济的高速发展与水环境及水资源承载力之间的矛盾日益突出。因此，要想提高地区水资源承载力，适当的水资源管理不可或缺，如果能够对整个流域进行综合治理、统一规划、统一开发、统一管理，将能够大大提高整个流域的水资源承载力，并保持水资源供给和需求之间的相对平衡，保证经济持续健康发展。

3.6 本章小结

本章首先提出了荷载均衡的概念，并对荷载均衡国内外研究进展进行了介绍，包括评价指标体系和评价方法的研究；然后从单元均衡、空间均衡和代际均衡三方面介绍了其内涵和相应的量化方法，单元均衡通过熵权法进行计算，空间均衡通过基尼系数计算空间均衡度，代际均衡通过系统动力学模型进行求解计算；最后分析了荷载均衡在水资源管理中的作用，要想提高地区水资源承载力，适当的水资源管理不可或缺。

第4章 贵州省代表性河流水文变化及生态需水分析

4.1 贵州省水文气象概况

4.1.1 气象

贵州气候温暖湿润，属亚热带季风气候区。光照适中，雨热同季，气温变化小，冬暖夏凉，气候宜人。年平均气温在15℃左右，年降水量为800～1600mm，无霜期270d左右。受大气环流及地形等影响，贵州气候呈多样性，高原山地和深切河谷地带，气候垂直变化非常明显，山上山下冷暖不同，降水情况也有差异，故有“一山有四季，十里不同天”的说法。另外，贵州气候不稳定，灾害性天气种类较多，干旱、秋风、凝冻、冰雹等频度大，对农业生产危害严重。

(1) 气温。贵州各地年平均气温等值线介于12～18℃，以7月最高，1月最低，极端最低气温一般不到－10℃，最低是西部威宁为－15℃（1977年2月9日），极端最高气温在34℃以上，铜仁出现过42.5℃（1953年8月18日），为全省之冠。

(2) 湿度。相对湿度较大是贵州气候的特点之一。年平均相对湿度除少数地区外，多在80%以上，其中以习水、开阳（均为85%）为最大，罗甸（75%）为最小。在四季中，只有春季和盛夏7月相对湿度较小。10月至次年1月为高湿月份，相对湿度平均达80%～85%。

(3) 日照。贵州处于中国云量分布的高值区。因此，云量多，太阳辐射总量和日照少是贵州气候的一大特色。贵州全年太阳辐射量最大的地区在省内西部和西南边缘，呈向东北逐渐递减之势，总辐射量以威宁为最高，平均达4.68×10^4J/(m^2·a)，其余各地都不足4.19×10^4J/(m^2·a)。各地全年日照时数大体呈南多北少的趋势，日照时数多年平均值介于1000～1800h，其中威宁最多达1805.4h，最少在务川（为1015h）。

(4) 蒸发量。蒸发量以7月最大，1月最小。分布的等值线介于600～1200mm之间，分布趋势由西南向东北逐渐递减。北盘江下游河谷区年蒸发量最大，平均达1000～1200mm。西部高原晴天多、风力强，是蒸发量较大的地带。

(5) 干旱指数。干旱指数等值线的分布趋势是自西向东递减，其值多在0.4～1.0之间。最大值在贵州省西部威宁县一带，略大于1；最小值在黔东北，小于0.4；一般地区在0.6～0.8之间。

(6) 降水。贵州降水的水汽主要来自孟加拉湾和南海，这两股暖湿气流在贵阳—麻江一带相会，形成丰富降水，但时空分布不均。贵州雨日多，夏季风盛行的夏半年（5—10月）降雨最为集中，占年总降水量的75%以上，夏季（6—8月）尤其突出，多达45%以上，冬季风盛行的冬半年（11月至次年4月）只占15%～30%，特别是冬季（12月至次年2月）最少，仅占6%左右。降雨地区差异大，多年平均年降水量的分布趋势，由东南向西北递减，山区大于河谷地区，迎风面降水多，背风面降水少。雨季从4月、5月自东向西先后开始，雨量明显增加。夏半年降水强度最大，一般是南部大于北部，多雨区大于少雨区。暴雨一般出现在4—10月，其中出现在6月的暴雨最多。

4.1.2 水文特性分析

贵州河流水量靠天然降水补给。全省多年平均年降水量为1159.2mm，其中长江流域多年平均年降水量为1110.6mm，珠江流域多年平均年降水量为1252.1mm。径流年内分配极不均匀，与降水大致相同，枯水期出现在12月至次年4月，夏旱年份的7—8月在中小河流也出现过短期的最小流量；丰水期出现在5—10月，丰水期占全年总水量的75%～80%，省内各地进入汛期的时间从东部到西部逐渐推后，东部玉屏、锦屏一带4月进入雨季，4—7月降水量占全年的65%左右，中部黔南、黔中、黔北地区5月进入雨季，5—8月降水量占全年的70%左右，西部盘县、威宁一带6月进入雨季，6—9月降水量占全年的70%以上。洪水急涨暴落，峰高量小，历时不长。

贵州省境内河流多年平均年径流量为1042亿m^3（径流深591.4mm），其中长江流域665.6亿m^3（径流深575.0mm），占全省的64.0%；珠江流域376.2亿m^3（径流深622.7mm），占全省的36.0%。贵州省主要河流多年平均含沙量，省的西部地区都在0.5kg/m^3以上，中部以东地区则在0.5kg/m^3以下，含沙量较大的河流有北盘江上游、乌江上游的三岔河与六冲河、赤水河等河流。

喀斯特地区因为独特的地形地貌，其水文特性与一般地区有明显的差异，对于该地区河流的水文特性变化分析，对构建生态需水过程有着指导性意义。

本节将从年内径流分布、洪水特性、枯水特性、基流分布四个方面来认识六冲河与樟江的水文特性，通过基流分割分析六冲河水文特性。

4.1.2.1 年内径流分布

根据两条河的多年径流资料，得出多年平均月流量过程，见图 4.1-1 和图 4.1-2。容易看出，两条河的径流在年内的分配很不均匀，呈现出明显的亚热带季风气候区的特征，年内水量主要集中于 5—9 月。但六冲河与樟江情况又有所区别，六冲河年内枯水期流量过程比较平稳，樟江年内枯水期流量过程则有起伏，这是因为七星关站控制的六冲河上游枯水期干旱少雨，而樟江四季湿润，枯水期也有较多的降雨。

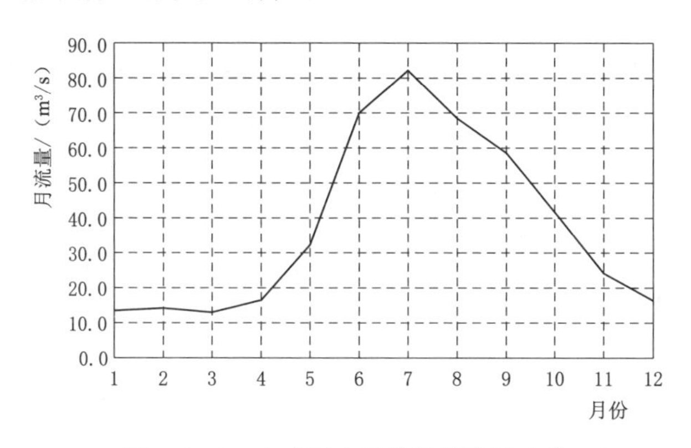

图 4.1-1 六冲河七星关站月流量过程

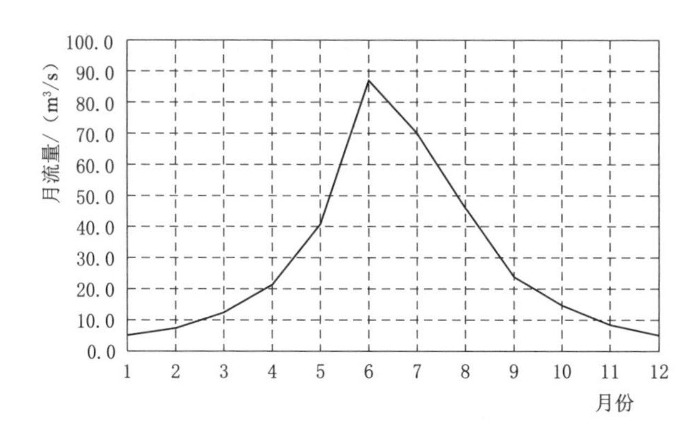

图 4.1-2 樟江荔波站月流量过程

4.1.2.2 洪水特性

两条河流均为雨源性河流，洪水主要是由暴雨形成。六冲河雨季较晚，较大洪水的主现期为 5—9 月，6—7 月发生年内最大洪水的概率比较高；多出现历时短而强度大的暴雨，六冲河上游流域岩石裸露，植被较少，洪水汇流快，易产生陡涨陡落的洪峰，洪峰流量大，持续时间短，洪水历时多在 2～3d 之间。

樟江雨季较早，四月下旬开始进入雨季，较大洪水主要分布于5—8月。

4.1.2.3 枯水特性

干旱程度对两河枯水流量影响明显，由于年内、年际分布不均，地形地貌复杂，干旱甚至会使河流断流，六冲河较樟江断流次数和时长都更大。喀斯特地区的河流，流域内岩石多裸露，地表层含蓄水源的能力差。枯水期降雨较少的六冲河上游，枯水期降雨少甚至长时间无降雨，河流的枯水流量的小部分来自浅层地下水补给，大部分是来自于深层地下水的补给，因而枯水流量比较稳定，年际差异较小，C_v 值较小；枯水期降雨相对较丰的樟江，其枯水流量除了来自于稳定的深层地下水补给，浅层地下水补给会受到降雨的较大影响，故其枯水流量年际差异较大，C_v 值较大。这两条河流受喀斯特地区地形地貌、地质结构和流域内其他因素的影响，统计参数与非喀斯特地区的河流有着显著的差异，见表4.1-1和表4.1-2：①两条河枯水期流量年际变化较大。非喀斯特地区的河流，枯水流量的 C_v 值一般低于0.3，而两条河的 C_v 值较大，超过0.5。②两条河枯水流量与非喀斯特地区枯水流量相比相对偏小。这是因为喀斯特地区地表含蓄水能力差，遇旱季，河流水量骤减，在任何年份枯水流量都是偏小的。

表4.1-1　六冲河七星关站多年平均月流量及 C_v 值

月份	1	2	3	4	5	6	7	8	9	10	11	12
C_v	0.18	0.30	0.38	0.58	0.78	0.52	0.52	0.62	0.67	0.38	0.56	0.24
多年均值/(m^3/s)	14.22	14.69	14.08	16.05	28.23	64.03	79.59	77.31	59.37	36.31	23.51	15.71

表4.1-2　樟江荔波站多年平均月流量及 C_v 值

月份	1	2	3	4	5	6	7	8	9	10	11	12
C_v	0.69	0.87	0.88	0.55	0.52	0.50	0.68	0.72	0.79	0.99	0.56	0.46
多年均值/(m^3/s)	5.03	8.05	11.96	21.81	41.2	87.19	70.23	46.58	23.71	14.25	7.73	4.63

4.1.2.4 基流分析

选取贵州省喀斯特地区的七星关站与处于非喀斯特地区的大菜园站的日流量资料，用数字滤波法进行基流分割，对得到的基流量过程进行对比分析，其中宜昌站的资料为1952—2003年的日流量资料，通过对比，研究分析喀斯特地区水文过程的特性。

1. *基流分割方法*

为了对基流进行分割，本书采用 Lyne - Hollick 滤波法[71]，它是一种数字滤波方法。由于参数少和操作简单，数字滤波法在基流分割上应用的越来越广泛，信号包括高频、低频信号，通过数字滤波法，可以将作为低频信号的基流从作为高频信号的地表径流中从分离出来[72]。其公式如下：

$$q_t = \beta q_{t-1} + \alpha(1+\beta)(Q_t - Q_{t-1}) \tag{4.1-1}$$

$$Q_{bt} = Q_t - q_t \tag{4.1-2}$$

式中：q_t 为地表径流，时间步长为日；Q_{bt} 为 t 时刻的基流；Q_t 为实测的总径流；t 为时间，d；α、β 均为滤波参数，$0<\alpha<0.5$、$0<\beta<1$。

2. 基流对比分析

通过基流分割算得七星关站和大菜园站的基流量序列后，为了对年内的规律进行分析，对径流量和基流量取平均值，得到日平均径流量和日平均基流量，见图 4.1-3，基流指数 BFI 等于基流量与径流量的比值，由此还可以得到各日的基流指数，见图 4.1-4。

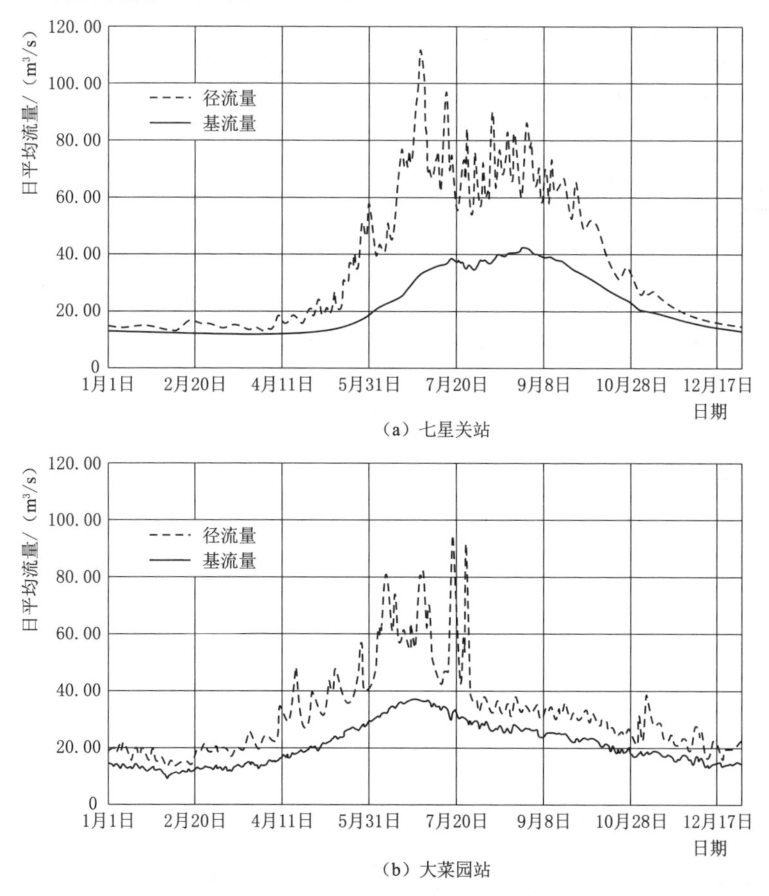

（a）七星关站

（b）大菜园站

图 4.1-3 基流量跟径流量的年内变化

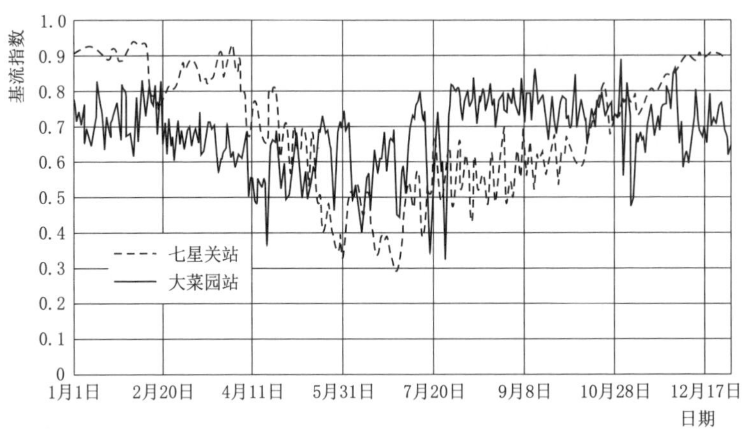

图 4.1-4 基流指数变化

由图 4.1-3 可以看出，径流量跟基流量均呈现先上升后下降的趋势，而且大菜园站和七星关站的径流量均自 5 月起明显开始增加，在夏季的 7 月达到最大值，随后逐渐开始下降，直到 12 月才稳定下来。而对于七星关站，基流量在 6 月才开始明显增加，在 9 月达到最大值，随后下降，直到 12 月稳定下来；对于大菜园站，基流在 5 月就开始明显增加，到 6 月达到最大值，然后渐渐开始下降，可以看出，两个站的基流量均比径流量延后上涨与下降，这是因为径流对降雨的响应时间小于基流，同时对比七星关站和大菜园站的基流量可以发现，七星关站的河流基流响应时间比大菜园站河流基流响应时间长。对于基流指数 *BFI*，根据图 4.1-4 可以看到，基流指数首先在 4 月呈现下降趋势，这是因为产生的径流量来不及下渗到地下水，使得径流量的上升幅度大于基流量的上升幅度，对于七星关站，它的基流指数在 6 月达到最低点，因为 6 月后径流上升幅度减慢，在 7 月达到最高点后下降，而基流量还在上升，而且在径流量跟基流量均呈现下降趋势时，径流量的下降幅度大于基流量的下降幅度，于是基流指数开始增加，接着一直增加到次年 3 月，并重复这个过程；对于大菜园站，它的基流指数在 7 月达到最低点，随后上升，但上升和下降幅度比七星关站要小很多，这是因为它的下渗补给地下水速度较慢，因此基流量还处于上升趋势，而径流量已经开始减小，于是基流指数并不会增大太多。

对比图 4.1-4 中的七星关站和大菜园站，可以发现，七星关站的基流指数比起大菜园站在非汛期更大，而在汛期要小一些，变化速度更快，这就说明喀斯特地区土壤地质比较特别，由于岩溶水的侵蚀，产生了不少溶隙、溶孔以及溶管，从而构成了具有不同运动状态、贮水形式、水文特性以及管道流和裂隙流共存的一个含水介质的系统，这些孔隙使得地表径流更容易汇入地下，形成地下水，而基流在大部分情况下是来源于地下水的，因此喀斯特地区的基流变化更快，基流指数更加不稳定。

4.2 贵州省水资源时空演变与水文变异

4.2.1 时空演变特征

4.2.1.1 年际变化特征

1. 降水

贵州省多年平均年降水量为 1159.2mm，总体趋势由西南向东北递减，降水量高值区一般分布在山体西南迎风坡面，低值区大多位于山体西北背风坡面。贵州省西部邻近青藏高原，自西向东地势降低，呈四级阶梯状，东南部多为迎风面，受季风影响，降水量较多。雨季从 4 月、5 月开始，东部早于西部，暴雨一般出现在 4—10 月，其中 6 月为暴雨天气最多的月份。降水变化趋势及空间分布特征具体分析如下。

选择贵州省境内 81 个站点 1965—2014 年共 50 年的逐日降水系列（数据来自中国气象数据网），统计年平均降水量、最大日降水量、连续 3d 无雨天数、连续 5d 无雨天数和连续 7d 无雨天数，并对以上数据系列进行 Mann - Kendall（M - K）检验，根据 M - K 检验的 Z 值判断是否有显著变化趋势，当 $|Z|>2.32$ 时表明通过 99%的显著性检验，当 $|Z|>1.64$ 时表明通过 95%的显著性检验。结果表明，1960—2014 年贵州省年降水量有减小的趋势，通过了 95%的显著性检验（图 4.2 - 1）；最大日降水量有增加趋势，但变化不显著，未通过 95%的显著性检验，连续 3d、5d、7d 无雨次数有增加趋势，且通过 99%检验，增加趋势显著（图 4.2 - 2）。

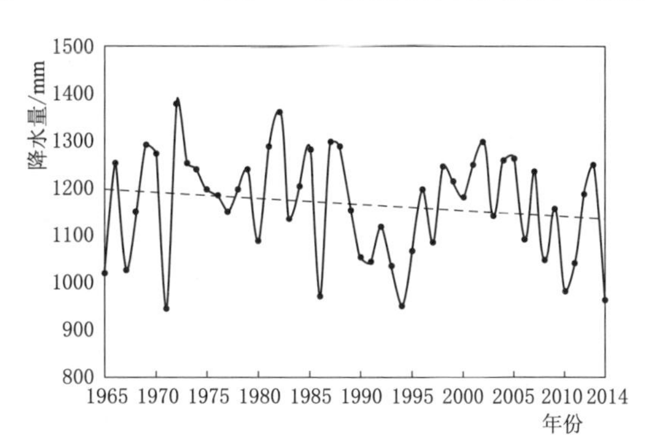

图 4.2 - 1 贵州省年平均降水量

从年内来看，贵州省各月降水量变化不显著，仅 1 月和 2 月有显著增加趋势，4 月有减小趋势。贵州省年内多年平均月降水量分布符合典型的亚热带季风气候，降水丰富，年内各月份均有降水，分布较为均匀主要集中在夏季的 6 月和 7 月，具体见图 4.2 - 3。

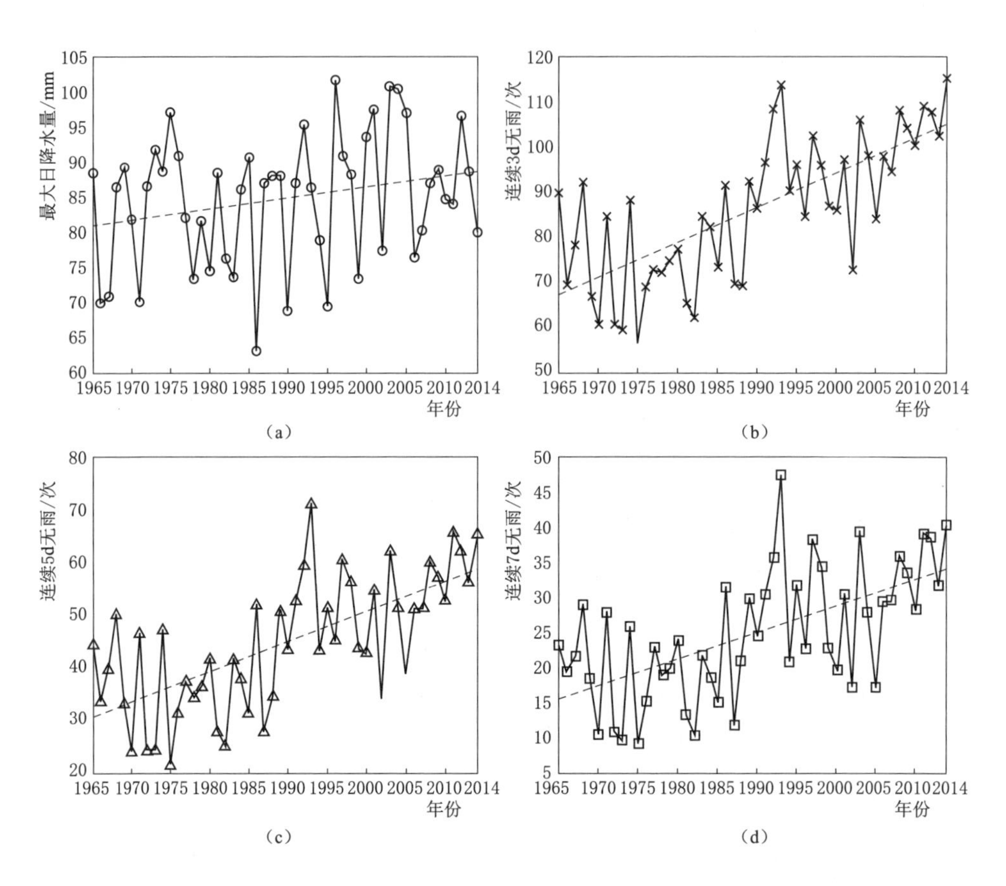

图 4.2-2 贵州省最大日降水量以及连续 3d、5d 和 7d 无雨天气出现次数趋势变化

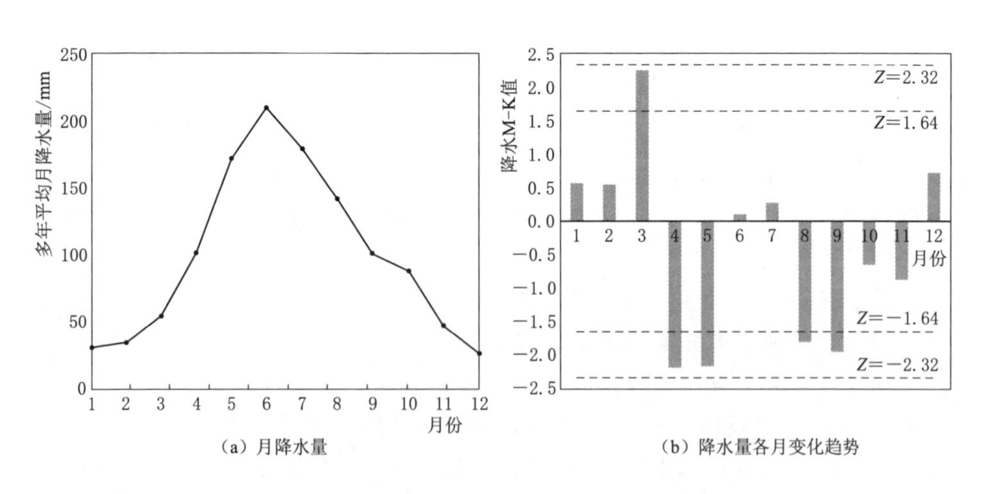

(a) 月降水量　　(b) 降水量各月变化趋势

图 4.2-3 贵州省月降水量及各月变化趋势显著性

从空间上看，贵州省整体降水丰富，南北分布不均匀，降水最大值多出现在西南地区，而西北威宁、赫章境内降水量相对较少。最大多年平均年降水量在晴隆站，为1515.72mm，其次为六枝站，为1466.36mm，81个站点中有5个站点的多年平均年降水量超过1400mm；最小多年平均年降水量为848.82mm，在赫章站，其次为毕节站和威宁站，多年平均年降水量为885.71mm和893.32mm。降水量最大和最小值差距为666.9mm，差距较大。

结合各站点降水统计数据（见图4.2-4），81个站点中有12个站点的多年平均最大日降水量超过100mm，且站点的位置集中于黔西南，表明贵州省降水量最大值主要在西南地区。但是，只有8个站点的最大日降水量呈现增加趋势，2个站点的最大日降水量为显著减小。从各站点连续多日无雨天数来看，大部分站点多日连续无雨天数都呈现增加趋势，且通过99%的显著性检验，仅部分站点没有显著变化趋势。

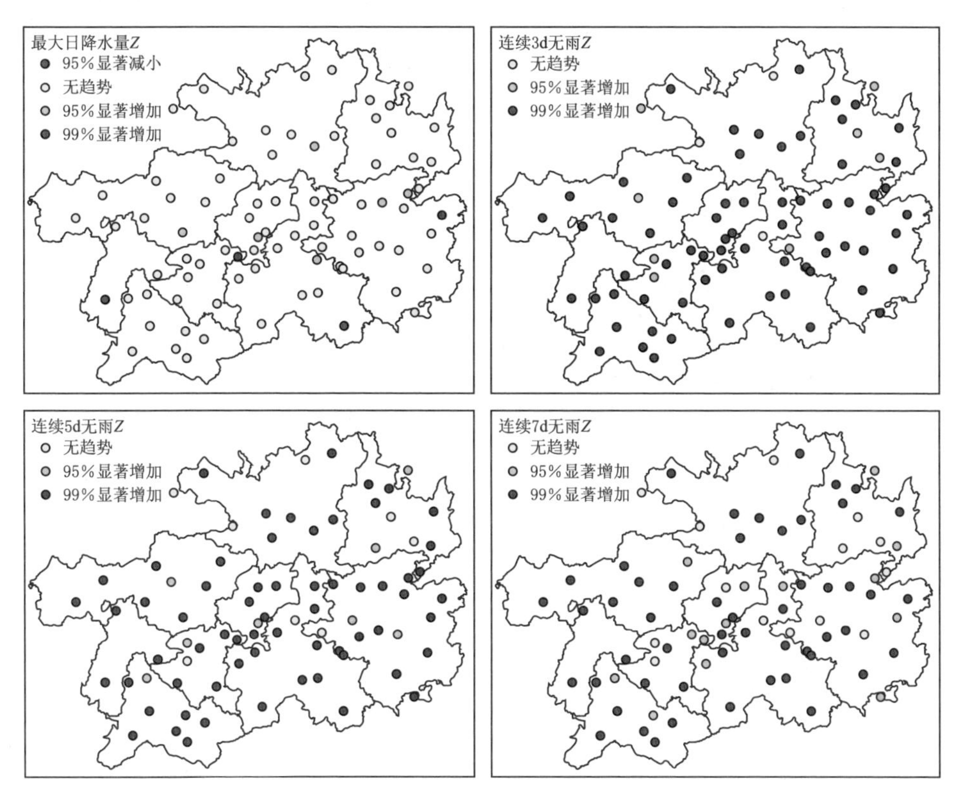

图4.2-4 分站点最大日降水、连续多日无雨天数变化趋势

（注：图中红色点表示显著减小趋势，通过95%的显著性检验；黄色点表示没有显著趋势变化；浅蓝色点表示显著增加趋势，通过95%的显著性检验；深蓝色点表示显著增加趋势，通过99%的显著性检验）

从各站点降水集中度（PCD）来看（见图4.2-5），各站点多年平均降水集中度指数PCD值在［0.32，0.59］的范围内，最大值为0.59（赫章站），最小值为0.32（黎平站），大部分值在0.4左右；PCD值西高东低，西南部降水更集中，同时降水集中度没有显著变化趋势，仅两个站点有显著减少趋势，有1个站点有显著增加趋势，通过95%的显著性检验。结合降水集中度和降水统计特征来看，贵州省多雨季，总体降水丰富，雨季集中，发生连续、长时间的降雨次数在增加，但年内分配不均匀。

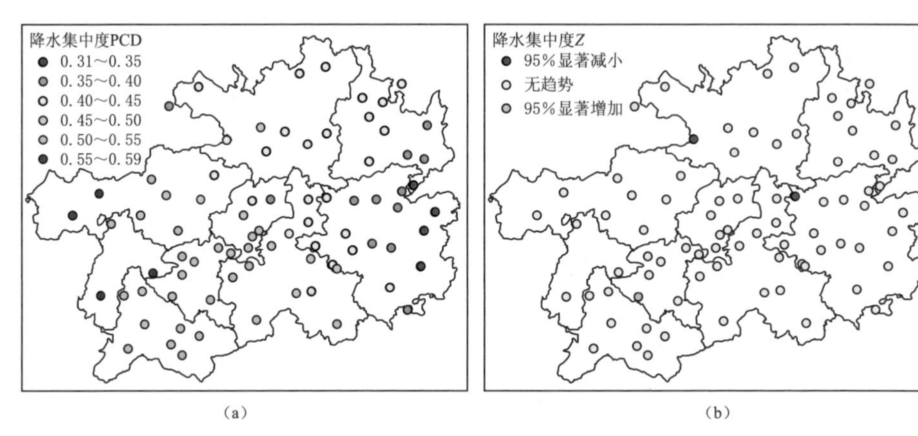

图4.2-5 分站点降水集中度及其变化趋势
（左侧图为分站点降水集中度，红色点为PCD在0.31～0.35之间，
橙色点为PCD在0.35～0.40之间，
黄色点为PCD在0.40～0.45之间，绿色点为PCD在0.45～0.50之间，
浅蓝色点为PCD在0.50～0.55之间，深蓝色点为PCD在0.55～0.59之间；
右侧图为分站点降水集中度趋势变化，点的颜色同图4.2-5）

2. 蒸散发

根据31个站点的60年气象数据，使用Penman公式计算贵州省潜在蒸散发量以估算地区实际蒸散发，结果表明贵州省多年平均蒸发量为888.73mm。图4.2-6为贵州省多年平均年蒸发量变化趋势，60年来贵州省蒸发量减少显著，减少速率为7.22mm/10a，M-K检测统计值为－2.77，通过了99%的置信度检验。

从年内来看（见图4.2-7），蒸发变化情况和降水一致，年内各月蒸发量较大，但月峰值的出现较降水峰值的出现相对延后一个月；多年平均月蒸发量也无明显的趋势变化，仅1月通过95%的显著检验，变化趋势为减少。

在最初的计算中，还分析了贵州省气温的变化情况，发现贵州省气温的年内变化和蒸发量一致，都在7月达到最大值，空间分布也相近；以乌江为分界，乌江以北为低温分布区，乌江以南为高温分布区，西南地区蒸发量相

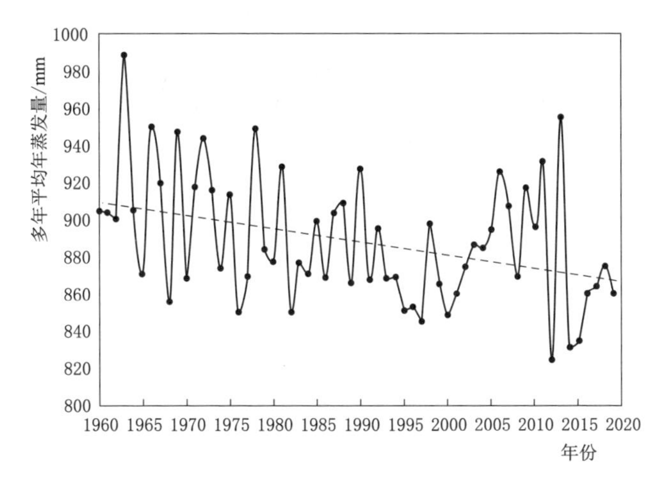

图 4.2-6 贵州省多年平均年蒸发量变化趋势

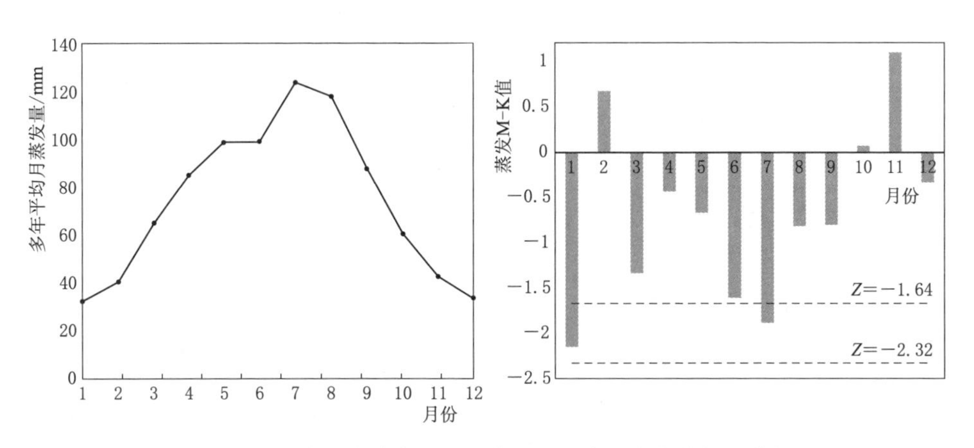

图 4.2-7 贵州省多年平均月蒸发量及各月变化趋势显著性

对较大。

为了进一步分析蒸发量变化的原因，对蒸发量和各项因子进行了相关性分析，主要有气温、风速、日照时长、相对湿度和海拔，结果见表 4.2-1。从相关程度来看，蒸发量与日照时长和相对湿度的关系密切，各季节和各年份均有较大的相关系数。其中，蒸发与日照时长有较好的正相关，相关系数为 0.84，各季节相关系数也都超过 0.8；蒸发与相对湿度有较好的负相关，相关系数为−0.55，各季节相关系数都在−0.6 以上；其次，蒸发与气温和风速也有一定的相关性，但受季节影响较大，如风速的影响在春季较为明显，而气温在春、夏、冬季对蒸发有较大影响。

下面分析贵州省蒸发量影响因子（气温、风速、日照时长和相对湿度）

的趋势变化，见图4.2-8。

表4.2-1 贵州省蒸发量与影响因子的相关系数

时段	气温	风速	日照时长	相对湿度	海拔
春	0.72	0.62	0.94	-0.72	0.61
夏	0.69	0.53	0.96	-0.77	-0.77
秋	0.45	0.22	0.83	-0.67	-0.25
冬	0.74	0.40	0.81	-0.67	0.50
年	0.34	0.51	0.84	-0.55	0.23

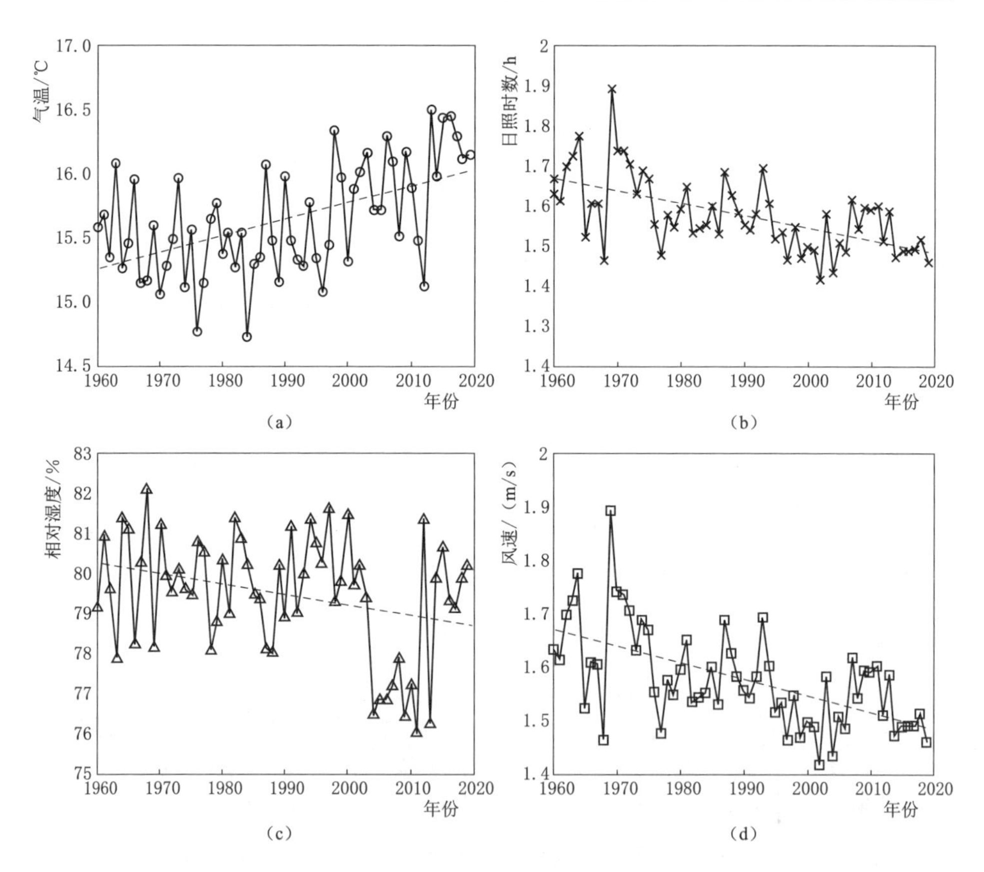

图4.2-8 贵州省蒸发量主要影响因子变化趋势

由图4.2-8可以看出，贵州省年平均气温60年来呈现显著增加趋势，增加速率为0.13℃/10a，检验值为3.74，通过了99%以上置信度检验。区域平均日照时长60年来呈现显著下降趋势，但下降速度缓慢，下降速率为0.031h/10a，检验值为-5.16，通过了99%的置信度检验。多年平均风速近

60年来也呈现下降趋势，下降趋势显著，下降速度为0.031m/(s·10a)，通过99%置信度检验。相对湿度下降趋势相对显著，通过了95%的置信度检验。

综上可知，贵州省蒸发量变化主要受日照时长影响，日照时长对蒸发量的影响代表着太阳辐射对蒸发的影响，其会受到海拔高度和云量的影响。

4.2.1.2 季节变化特征

不论是降水的变化，还是蒸发的变化，以及影响因子对蒸发的作用，都在不同程度上受到季节的影响，在不同季节条件下有不同的情况，本节将分析水资源的季节变化及原因，计算结果见表4.2-2。

表4.2-2 贵州省气象因子季节变化趋势

时段	降水			蒸发			气温		
	多年平均/mm	M-K值	变化速率	多年平均/mm	M-K值	变化速率	多年平均/℃	M-K值	变化速率
春	311.10	−2.12	−0.81	249.53	−0.40	−1.23	15.86	2.38	0.12
夏	535.96	−0.75	−0.77	341.48	−1.89	−3.50	23.75	2.19	0.09
秋	241.53	−2.16	−1.09	191.82	−0.02	−0.15	16.40	2.98	0.16
冬	74.53	0.94	0.14	107.73	0.45	0.16	6.36	2.43	0.15
时段	风速			日照时数			相对湿度		
	多年平均/(m/s)	M-K值	变化速率	多年平均/h	M-K值	变化速率	多年平均/%	M-K值	变化速率
春	1.79	−5.44	−0.06	3.32	−2.42	−0.10	77.77	−1.79	−0.30
夏	1.54	−1.28	−0.01	4.91	−3.60	−0.21	79.78	−1.28	−0.30
秋	1.42	−1.97	−0.02	3.14	−2.39	−0.08	80.81	−1.69	−0.27
冬	1.56	−3.22	−0.04	3.26	−5.21	−0.12	79.42	−1.74	−0.25

由表4.2-2可知，降水在各个季节内也没有显著的变化趋势，降水集中在夏季，春秋季降水量相当，冬季最少。从各个站点统计数据来看，安顺站春季降水有显著减少趋势，天柱站夏季降水有显著增加趋势，威宁、普安和盘县三站在秋季有显著减少趋势，仁怀和凯里站在冬季有显著增加趋势；虽然有部分站点降水趋势有显著变化，但整体一致，没有明显变化趋势。贵州省蒸发量在夏季和春季较大，夏季蒸发量减少的速率为3.5mm/10a，而其他季节的蒸发量均无显著变化趋势，说明夏季蒸发的变化是贵州省全年蒸发量变化的主要原因。气温则呈现出全年各季节均上升的趋势，其中秋冬两季增温速度最快，分别为0.16℃/10a和0.15℃/10a。风速则是夏季无明显变化趋势，春、秋、冬三季节的风速呈现显著减小趋势。日照时长在夏季最大，其

他三季差别不大，各个季节的日照时长都有显著的减少趋势，夏季减少速度也最快，为 0.21h/10a。相对湿度各季节相差不大，没有一个季节呈现出显著变化趋势，均未通过 95%的置信度检验。

从水循环角度来看，影响地区水资源的主要因素为降水量和蒸发量，总结分析降水和蒸发的季节变化、空间分布特点在一定程度上可以知道贵州省水资源的时空分布特点。

结合以上对降水、蒸发和部分影响因子的分析可以看出，贵州省属典型的亚热带季风气候，雨热同期，雨季较多，日照较少，容易出现连续的阴雨或晴热天气，易产生旱涝灾害；年内夏季降水量更多，水资源更为丰富。从空间分布来看，贵州省处于云贵高原，西部邻近青藏高原，呈现西高东低，由中部向东、南、北三个方向倾斜的地势，地形地势对季风产生影响，导致贵州省内珠江水系所在地区水资源比长江水系更为丰富（以苗岭为界）。从降水和蒸发的角度来看，贵州省水资源季节变化和空间分布特点主要受到自然因素如季风和地形地势的影响，同时，贵州省有气温上升趋势，与全球气候变暖变化一致，结合连续无雨天气增多这一现象，说明水资源的时空分布受到了人类活动影响，未来可能会出现更集中、更频繁的旱涝灾害。

4.2.2 水文变异分析

4.2.2.1 突变分析方法

1. 里和海哈林（Lee - Heghinian）法

对于序列 $x_t(t=1,2,\cdots,n)$，在假定总体正态分布和分割点先验分布为均匀分布的情况下，可以推得可能分割点 τ 的后验条件概率密度函数为[73]

$$f(\tau \mid x_1,x_2,\cdots,x_n)=k\left[\frac{n}{\tau(n-\tau)}\right]^{0.5}[R(\tau)]^{-\frac{n-2}{2}}(1\leqslant\tau\leqslant n-1) \tag{4.2-1}$$

其中

$$R(\tau)=\frac{\sum_{t=1}^{\tau}(x_t-\overline{x}_\tau)^2+\sum_{t=\tau+1}^{n}(x_t-\overline{x}_{n-\tau})^2}{\sum_{t=1}^{n}(x_t-\overline{x}_n)^2} \tag{4.2-2}$$

$$\overline{x}_\tau=\frac{1}{\tau}\sum_{t=1}^{\tau}x_t \tag{4.2-3}$$

$$\overline{x}_{n-\tau}=\frac{1}{n-\tau}\sum_{t=\tau+1}^{n}x_t \tag{4.2-4}$$

$$\overline{x}_n=\frac{1}{n}\sum_{t=1}^{n}x_t \tag{4.2-5}$$

式中：k 为比例常数。

根据后验条件概率密度函数，将满足 $\max\limits_{1\leqslant\tau\leqslant n-1}\{f(\tau|x_1,x_2,\cdots,x_n)\}$ 条件的 τ 记为 τ_0，这个点即为最可能的分割点。

2. 有序聚类法

用“物以类聚”来表示聚类分析，可以反映这种方法的思想。在进行分类时不打乱次序，这样的分类称之为有序分类。可以通过有序分类得到可能性最大的突变点 τ_0，其本质是得到最优分割点，使得离差平方和在同类之间较小，而在不同类之间较大。对于水文序列 $x_t(t=1,2,\cdots,n)$，假设可能的突变点为 τ，则突变前后离差平方和的公式如下[73]：

$$V_\tau=\sum_{t=1}^{\tau}(x_t-\overline{x}_\tau)^2 \tag{4.2-6}$$

$$V_{n-\tau}=\sum_{t=\tau+1}^{n}(x_t-\overline{x}_{n-\tau})^2 \tag{4.2-7}$$

式中：$\overline{x}_\tau$ 和 $\overline{x}_{n-\tau}$ 的意义同式（4.2-3）和式（4.2-4）。

于是得到总离差平方和为

$$S(\tau)=V_\tau+V_{n-\tau} \tag{4.2-8}$$

最优二分割为

$$S^*=\min_{1\leqslant\tau\leqslant n-1}\{S(\tau)\} \tag{4.2-9}$$

把满足上述条件的 τ 记为 τ_0，视其为最可能的分割点。

3. Pettitt 法

Pettitt 法是由 Pettitt 提出的一种非参数检验方法[74]，它利用秩序列来进行变异点的识别，并且能够在统计意义上量化变异点的显著水平。该方法利用 Mann-Whitney 的统计量 $U_{i,N}$ 来对同一个总体 $x(t)$ 的两个样本（$x_1,\cdots,x_i$ 和 $x_{i+1},\cdots,x_N$）进行检验，统计量 $U_{i,N}$ 的计算公式如下：

$$U_{i,N}=U_{i-1,N}+\sum_{i=1}^{N}\operatorname{sgn}(x_t-x_i),\ t=2,\cdots,N \tag{4.2-10}$$

式中：sgn(·) 为符号函数，当 $x_t-x_i>0$ 时，sgn(·)$=1$；当 $x_t-x_i=0$ 时，sgn(·)$=0$；当 $x_t-x_i<0$ 时，sgn(·)$=-1$。

将第一个样本序列值超过第二个样本序列值的次数作为检验统计量，且 $U_{1,N}=\sum\limits_{i=1}^{N}\operatorname{sgn}(x_1-x_i)$。取 $k_{t,N}=\max\limits_{1\leqslant t\leqslant N}|U_{t,N}|$，$t$ 为某一时刻，则 t 时刻为最可能的变异点，且若统计量 p 满足下式，则可认为该变异点具有显著性。

$$p\cong2\exp\left(-\frac{6k_{t,N}^2}{N^3+N^2}\right)\leqslant0.05 \tag{4.2-11}$$

4.2.2.2 水文变异量化指标

研究所运用的水文变异量化方法有IHA/RVA法和生态流量指标法，其中IHA/RVA法中包含的指标有单一水文改变度和整体水文改变度，还有趋势性指标IT，对称性指标IS；而生态流量指标法包含的指标有生态盈余量和生态不足量。

1. IHA/RVA法

水文变异性指标（IHA）是Richter等人在1996年提出的[75-78]，它能够代表河流流量与生态变化过程，一般来说需要计算33个指标，但由于流量为零的情况在七星关站不存在，因此不考虑流量为零的天数这一指标，于是只考虑32个指标，这些指标包含了流量大小、发生时间、频率、持续时间及变化率等五个方面（见表4.2-3），并从这五个方面来表征水生态信息，在IHA的基础上，Richter等[77] 于1997年提出变化范围法（RVA），用于定量评估水文指标的改变程度，得出水文改变在修复生态系统中的作用。Shiau等[78]提出了整体水文改变度。

表4.2-3　IHA 指 标

项　目	IHA指标内容	序号
月平均流量	各月平均流量，m^3/s	1～12
年极值流量	年1d、3d、7d、30d、90d平均最小流量和平均最大流量，m^3/s；基流指数（年7d最小流量/年平均流量）	13～23
年极值流量出现时间	年最大、最小流量出现时间，d	24～25
流量频率及延时	年低、高流量指数，m^3/s；年低流量、高流量持续时间，d	26～29
变化次数及频率	涨水率，落水率，年涨落水次数	30～32

具体计算时，划分河道受影响时段，即将突变点前的年份和突变点后的年份分别进行计算，分别算出IHA指标值。为了对突变点后的年份IHA指标值进行评估，需要设定每个指标的变化阈值，为此，需要对变异前年份IHA指标进行从小到大的排序，然后选取IHA指标值中75%和25%情况下对应的分位数分别作为变化阈值的上下限，根据变异后年份IHA指标位于变化阈值内外的年份计算出各IHA指标的改变度[79]。

（1）单一水文指标改变度。单一水文指标改变度即对每个IHA指标进行水文改变度的计算，传统的计算公式如下：

$$D_i=\left|\frac{N_{oi}-N_f}{N_f}\right|\times 100\% \qquad (4.2-12)$$

式中：D_i为第i个IHA指标的改变程度；N_{oi}为第i个IHA指标在发生水文变

异后实际存在于 RVA 阈值中的观测年数；N_f 为假定发生水文变异后 IHA 指标预期存在于 RVA 阈值中的观测年数，用 $\gamma \times N_{oi}$ 来表示。

本书以各参数的 75%和 25%作为 RVA 的阈值，因此 $\gamma = 50\%$。一般将 D_i 的值分为三个区间：0～33.3%代表无改变或低度改变情况；33.3%～66.7%对应中度改变情况；66.7%～100%则是高度改变的标志。

以上 RVA 计算公式只能检测出 IHA 的变化度，并不能反映 IHA 在阈值范围内的次数是增加还是减少了，为了解决这个问题，决定用以下公式进行表示：

$$D_i = \frac{N_{oi} - N_f}{N_f} \times 100\% \tag{4.2-13}$$

式中：如果 D_i 为正，说明在目标范围内参数的频率在变异后增加了；反之，如果 D_i 为负，说明在目标范围内参数的频率在变异后减少了。

（2）整体水文指标改变度。D_i 代表的是单个 IHA 指标的改变度。采用整体水文改变度 D_0 来评价 32 个 IHA 指标的整体改变程度，它运用加权平均法来对 32 个 IHA 指标进行计算，公式如下：

$$D_0 = r + \frac{1}{32}\sum_{i=1}^{N_m}(D_i - r) \tag{4.2-14}$$

其中，r 是改变率，取值为 0、0.33、0.67 三个数中的一个；如果 32 个 IHA 指标都是低度改变时，那么认为整体上是低度改变，$r=0$；如果 32 个 IHA 指标有 1 个及以上 IHA 指标是中度改变，但没有一个 IHA 指标是高度改变，那么认为整体上是中度改变，$r=0.33$；如果 32 个 IHA 指标中有 1 个及以上的 IHA 指标是高度改变，那么认为整体上是高度改变，$r=0.67$。当已经判别整体改变程度类别后，N_m 取值为 IHA 单一指标改变度跟整体改变度相同类别的个数。

（3）趋势变化指标。本书用 M-K 趋势分析方法对 IHA 的趋势进行分析，该方法定义一个变量 S 如下：

$$S = \sum_{i=2}^{n-1}\sum_{j=1}^{i-1}\mathrm{sgn}(x_i - x_j) \tag{4.2-15}$$

对于显著性判断统计指标，用 Z 的绝对值大小进行判断：

$$Z = \begin{cases} \dfrac{S-1}{\sqrt{\dfrac{n(n-1)(2n+5)}{18}}}, & S>0 \\ 0, & S=0 \\ \dfrac{S+1}{\sqrt{\dfrac{n(n-1)(2n+5)}{18}}}, & S<0 \end{cases} \tag{4.2-16}$$

一般来说，当置信水平 $\alpha=0.05$ 时，如果 Z 的绝对值大于 1.96，则趋势显著。在本次分析中，引用 IT（the index for the alteration of trend）指标对趋势进行分析，IT 的公式如下[80]：

$$IT=\begin{cases}\dfrac{|Z_{pre}-Z_{post}|}{\max(|Z_{pre}|,|Z_{post}|)}, & Z_{pre}\cdot Z_{post}>0\\ -\dfrac{|Z_{pre}-Z_{post}|}{\max(|Z_{pre}|,|Z_{post}|)}, & Z_{pre}\cdot Z_{post}<0\end{cases}\tag{4.2-17}$$

式中：Z_{pre} 和 Z_{post} 分别为根据变异前后年份的 IHA 算出的 Z 值。

如果 IT 为正，表明变异前后 IHA 指标变化趋势是一致的；反之，如果 IT 为负，表明变异前后 IHA 指标变化趋势是相反的。

（4）对称性指标。在传统的 RVA 方法中，只考虑了 RVA 上下限内的年数，对于 RVA 上下限外的水文参数并没有进行分析，使得这些范围外的数据被忽略了，为了弥补这个不足，引用了对称性指标 IS（index for the alteration of symmetry）进行 RVA 范围外的水文参数的分析，公式如下[80]：

$$IS=\begin{cases}0, & N_{up}=N_{low}=0\\ \dfrac{N_{up}-N_{low}}{N_{up}+N_{low}}, & 其他情况\end{cases}\tag{4.2-18}$$

式中：N_{up} 和 N_{low} 分别为 RVA 上限以上的年数和 RVA 下限以下的年数，当 IS 为正时，表示变异后序列偏上，即变异后水文参数增加；反之，当 IS 为负时，表示变异后序列偏下，即变异后水文参数减小。

2. 生态流量指标法

除了运用 IHA/RVA 法进行水文变异量化外，还可以运用生态流量指标进行量化分析。生态流量指标包括生态盈余量和生态不足量，认为发生水文变异前的平水年的年、季节流量历时曲线能够代表自然状态下的河道水文情势状态，因此以发生水文变异后的年、季节流量历时曲线相对于自然状态下的年、季节流量历时曲线的变化量来定义生态盈余量和生态不足量。

首先，根据变异前流量数据做出每年的年、季节流量历时曲线，并对年、季节平均流量进行从小到大的排序，取所有年份中 75%和 25%对应的分位数的年、季节流量历时曲线作为自然状态下河流生态适宜流量范围的上限和下限，称其为 75%流量历时曲线和 25%流量历时曲线（见图 4.2-9），然后对变异后的日流量数据进行分析，做出每年的流量历时曲线，并与 75%流量历时曲线和 25%流量历时曲线进行比较，对于每一年份，若做出的流量历时曲线高于 75%流量历时曲线，则将高于 75%流量历时曲线所围成的面积与多年平均年、季节流量的比值定义为生态盈余量；若做出的流量历时曲线低于

25%流量历时曲线，则将该流量历时曲线低于25%流量历时曲线所围成的面积与多年平均年、季节流量的比值定义为生态不足量[81]。

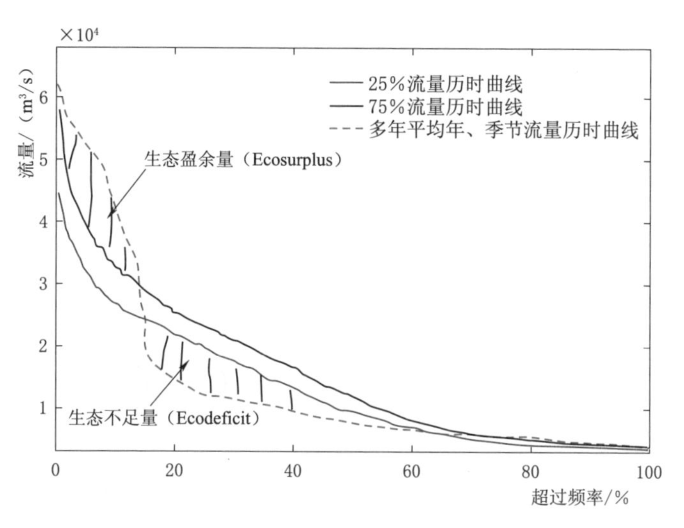

图 4.2-9 生态流量指标的定义

4.2.2.3 水文变异诊断

1. 水文序列的趋势性分析

首先根据各个水文站日流量资料做出各水文站的年平均流量变化图，并根据它们的回归方程做出它们的线性趋势，初步了解各个水文站年平均流量序列的变化趋势（见图 4.2-10），可以看到，独木河下湾站和樟江荔波站的年平均流量序列是处于上升趋势的，而乌都河草坪头（二）站、大田河（二）站以及六冲河七星关站的年平均流量序列是处于下降趋势的。

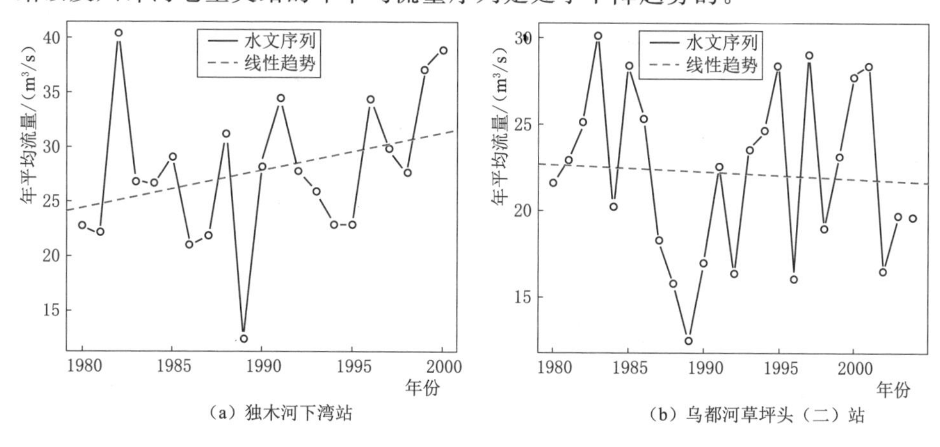

(a) 独木河下湾站

(b) 乌都河草坪头（二）站

图 4.2-10（一） 五个站点径流序列变化趋势

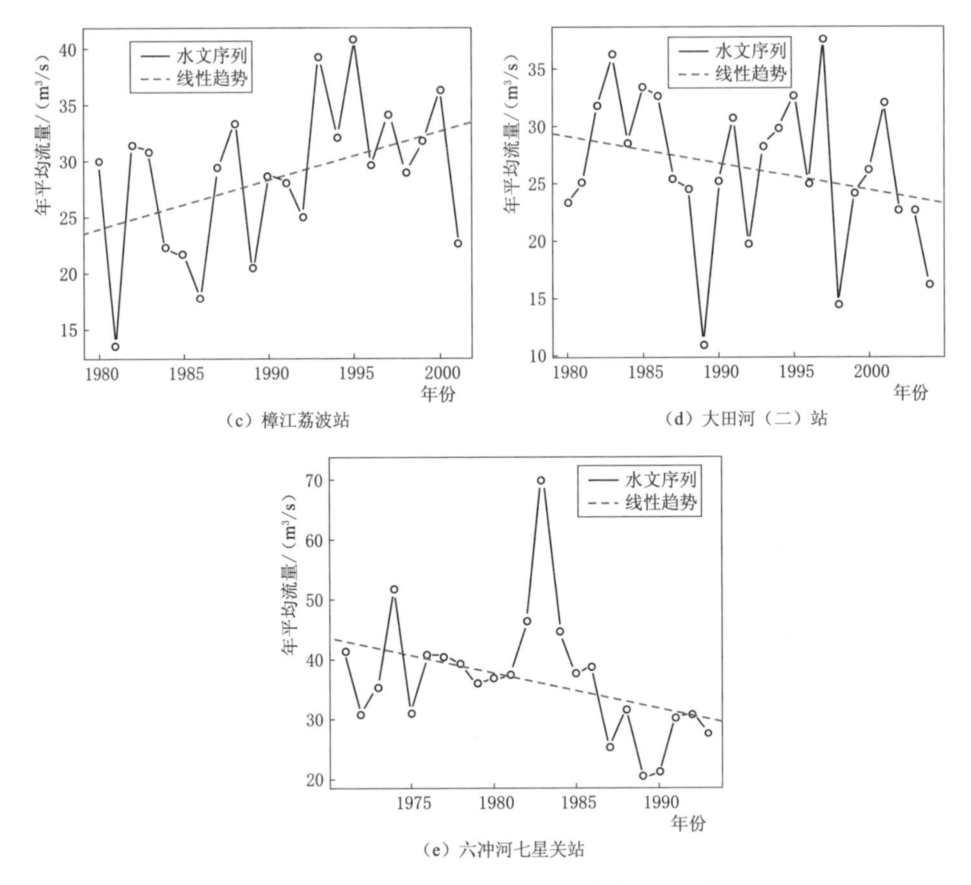

(c) 樟江荔波站

(d) 大田河(二)站

(e) 六冲河七星关站

图 4.2-10(二) 五个站点径流序列变化趋势

为了判断各个水文站年平均流量序列趋势的显著性,取显著性水平 $\alpha=0.05$,利用 Mann-Kendall 秩次相关检验与 Spearman 秩次相关检验对五个水文站点年平均流量序列的趋势进行检验,检验结果见表 4.2-4 和表 4.2-5。

从图 4.2-10 中可以看出,独木河下湾站在 1980—2000 年和樟江荔波站在 1980—2001 年的年平均流量呈现略微的上升趋势,但根据表 4.2-4 和表 4.2-5,得出其年平均流量的上升趋势均不具显著性。同样的,根据图 4.2-10,可以得出乌都河草坪头(二)站在 1980—2004 年,大田河(二)站在 1980—

表 4.2-4　　Mann-Kendall 秩次相关检验($\alpha=0.05$)

水文站	独木河下湾站	乌都河草坪头(二)站	樟江荔波站	大田河(二)站	六冲河七星关站
U	1.63	−0.234	1.66	−1.4	−2.24
$U_{\alpha/2}$	1.96	1.96	1.96	1.96	1.96
显著性	不显著	不显著	不显著	不显著	显著

表 4.2-5 **Spearman 秩次相关检验（$\alpha=0.05$）**

水文站	独木河下湾站	乌都河草坪头（二）站	樟江荔波站	大田河（二）站	六冲河七星关站
T	−1.70	0.39	−1.79	1.4	2.65
$T_{\alpha/2}$	2.09	2.07	2.09	2.07	2.08
显著性	不显著	不显著	不显著	不显著	显著

2004 年以及六冲河七星关站在 1971—1993 年的年平均流量均呈现下降趋势。根据表 4.2-4 和表 4.2-5，除了六冲河七星关站具有显著的下降趋势，其余水文站点的趋势不具有显著性。

2. 水文序列的突变分析

用有序聚类法、Lee-Heghinian 法和 Pettitt 法分别对五个水文站年平均流量序列进行突变点分析，结果见表 4.2-6：

表 4.2-6 **突变年份分析结果**

水文站	独木河下湾站	乌都河草坪头（二）站	樟江荔波站	大田河（二）站	六冲河七星关站
有序聚类法	1998	1986	1992	1986	1986
Lee-Heghinian 法	1995	1986	1992	1986	1986
Pettitt 法	1995	1986	1992	1997	1986

由表 4.2-6 可以看出，对于独木河下湾站，有序聚类法判定可能突变年份为 1998 年，但由于年份在序列端点，可信度不高，可以去除，因此判断最可能突变点为 1995 年，但 Pettitt 法算出的 p 值为 $0.329>0.050$，因此突变点在统计意义上不具备显著性。对于乌都河草坪头（二）站，三个方法均表明突变年份可能为 1986 年，但 Pettitt 法算出的 p 值为 $0.53>0.05$，因此突变点在统计意义上不具备显著性。对于樟江荔波站，三个方法均表明突变年份可能为 1992 年，但 Pettitt 法算出的 p 值为 $0.069>0.050$，因此突变点在统计意义上不具备显著性。对于大田河（二）站，Pettitt 法得出的可能突变年份为 1997 年且算出的 p 值为 $0.40>0.05$，因此在统计意义上不具备显著性，可以认为最可能的突变年份为有序聚类法和 Lee-Heghinian 法算出的 1986 年。对于六冲河七星关站，三个方法均表明突变年份可能为 1986 年，且 Pettitt 法算出的 p 值为 $0.008<0.050$，因此突变点在统计意义上具备显著性。

3. 原因分析

七星关站观测到的 1971—1993 年日平均流量的趋势和突变最为显著，查阅资料发现毕节市七星关区在 1986 年以后降水量呈现显著减少的趋势，并且在 1989 年达到最低点，随后逐渐上升；与之相对的，1983 年的降水量远远大于 1988 年和 1989 年的降水量，这就使得 1986 年后径流量显著减少，于是在 1986 年以前年份和 1986 年以后的年份流量差别较大，这种变化也影响到了位于这附近的七星关站，这也就表示水文变异的主要原因是气候变化。

4.2.2.4　水文变异指标量化分析

1. 水文改变度指标计算结果

运用 IHA 软件对七星关站 1971—1993 年的日平均流量序列进行分析计算，取变异点为 1986 年，得到的结果见表 4.2-7 和表 4.2-8。

表 4.2-7　　单一 IHA 指标水文改变度结果（一）

水文分组	IHA 指标	均值		
		干扰前	干扰后	偏差率/%
各月流量平均值/(m^3/s)	1 月	15.85	11.90	−24.92
	2 月	16.47	12.38	−24.83
	3 月	14.75	13.39	−9.22
	4 月	17.18	17.16	−0.12
	5 月	39.67	16.57	−58.23
	6 月	79.21	35.80	−54.80
	7 月	77.78	60.97	−21.61
	8 月	77.45	57.50	−25.76
	9 月	75.20	39.03	−48.10
	10 月	39.51	40.53	2.58
	11 月	25.48	19.62	−23.00
	12 月	17.70	13.58	−23.28
年极端流量/(m^3/s)	最小 1d	10.08	9.52	−5.58
	最小 3d	10.21	9.62	−5.78
	最小 7d	10.39	9.77	−5.99
	最小 30d	11.36	10.50	−7.57
	最小 90d	13.87	12.16	−12.33
	最大 1d	401.70	292.10	−27.28
	最大 3d	290.70	191.30	−34.19
	最大 7d	224.70	151.90	−32.40
	最大 30d	134.30	88.16	−34.36
	最大 90d	90.48	57.60	−36.34
	基流指数	0.25	0.36	40.58

续表

水文分组	IHA 指标	均值		
		干扰前	干扰后	偏差率/%
年极端流量出现时间/d	年最小 1d 发生时间	75.27	149.00	97.95
	年最大 1d 发生时间	195.60	205.10	4.86
高、低流量的频率及延时	低流量次数	4.8	7.38	53.65
	低流量平均延时/d	22.5	24.29	7.96
	高流量次数	9	4.50	−50.00
	高流量平均延时/d	3.689	3.14	−14.88
流量变化改变率及频率	流量平均增加率/%	18.37	10.82	−41.10
	流量平均减少率/%	−8.2	−5.15	−37.23
	每年流量逆转次数	101.5	92.88	−8.49

表 4.2-8　单一 IHA 指标水文改变度结果（二）

水文分组	IHA 指标	RVA		水文改变度		*IT*	*IS*
		上限	下限				
各月流量平均值/(m^3/s)	1 月	13.49	18.21	−1.00	高	−1.10	−1.00
	2 月	10.84	22.10	0.46	中	0.69	−1.00
	3 月	9.35	21.35	0.50	中	−1.10	0.00
	4 月	8.75	25.61	0.88	高	0.20	1.00
	5 月	10.84	68.50	0.09	低	0.20	−1.00
	6 月	44.02	114.40	−0.63	中	−1.36	−1.00
	7 月	42.02	113.50	−0.15	低	−1.31	−0.33
	8 月	35.53	119.40	−0.32	低	−1.21	−0.50
	9 月	44.77	125.40	−0.66	中	−1.48	−1.00
	10 月	25.21	53.82	0.46	中	−1.80	1.00
	11 月	18.44	32.52	−0.06	低	−1.29	−1.00
	12 月	14.30	21.10	−0.58	中	0.00	−1.00
年极端流量/(m^3/s)	最小 1d	7.63	12.53	0.88	高	0.40	0.00
	最小 3d	7.79	12.63	0.88	高	0.40	0.00
	最小 7d	7.94	12.85	0.88	高	0.68	0.00
	最小 30d	8.49	14.23	0.88	高	0.71	0.00
	最小 90d	9.60	18.14	0.67	高	0.00	0.00
	最大 1d	278.30	525.00	−0.66	中	−1.25	−0.67
	最大 3d	197.10	384.20	−0.58	中	−1.31	−1.00

续表

水文分组	IHA 指标	RVA		水文改变度		IT	IS
		上限	下限				
年极端流量/(m^3/s)	最大 7d	153.00	296.50	−0.77	高	−1.14	−0.71
	最大 30d	85.97	182.60	−0.38	中	−1.39	−1.00
	最大 90d	60.59	120.40	−0.38	中	−1.52	−1.00
	基流指数	0.20	0.31	−0.44	中	−1.96	1.00
年极端流量出现时间/d	年最小 1d 发生时间	32.65	117.90	−0.17	低	−1.28	1.00
	年最大 1d 发生时间	162.70	228.50	0.19	低	0.00	1.00
高、低流量的频率及延时	低流量次数	2.87	6.74	−0.32	低	0.85	1.00
	低流量平均延时/d	8.13	46.07	0.36	中	−1.27	0.00
	高流量次数	7.11	10.89	−0.69	高	0.00	−1.00
	高流量平均延时/d	2.24	5.13	−0.22	低	−1.07	−0.33
流量变化改变率及频率	流量平均增加率/%	14.55	23.60	−0.83	高	0.36	−1.00
	流量平均减少率/%	−10.64	−6.89	−0.83	高	−1.94	1.00
	每年流量逆转次数	90.84	112.20	−0.06	低	−1.07	−1.00

(1) 月平均流量。从表 4.2-7 和表 4.2-8 可以看出，变异后只有 10 月的月平均流量略微上升 2.58%，其余各月的月平均流量均呈现下降趋势，其中，5 月下降趋势显著，达到 58.23%，4 月下降趋势微弱，为 0.12%。水文改变度高的月份有 1 月和 4 月，水文改变度低的月份有 5 月、7 月、8 月和 11 月，1 月的水文改变度最大，为 100%，11 月的改变程度最小，仅为 6%。

(2) 年极端流量。可以看出年最大与最小流量均呈现下降趋势，只有基流流量呈现上升趋势，其中，年最大 90d 流量减少率最大（为 36.34%），而最小 1d 流量减少率最小（5.58%）。除此之外，水文改变度高的有最小 1d、最小 3d、最小 7d、最小 30d、最小 90d 以及最大 7d 流量，其余均为中度改变。

(3) 年极端流量发生时间。可以看出，年最小流量发生时间推迟了 70 多 d，增加了 97.95%，而年最大流量发生时间增加了 5d，仅增加了 4.86%，且两者水文改变度均为低，分别为 17%、19%。

(4) 高、低流量的频率及延时。可以看到，高流量次数及平均延时呈减少趋势，低流量次数及延时呈上升趋势，而且高流量次数为高度改变，改变度为 69%，低流量平均延时为中度改变，改变度为 36%，其余为低度改变。

(5) 流量变化改变率及频率。可以看出，流量平均增加率与减少率及每年流量逆转次数均呈现下降趋势，下降率分别为 41.1%、37.23%、8.49%，而且流量平均增加率与减少率均为高度改变，改变度为83%，每年流量逆转次数为低度改变，改变度为6%。

（6）总体。从总体上看，32个指标中有20个指标的水文改变度 D_i 小于0，这说明大多数IHA的值处于RVA目标范围的概率降低了，其中，2月、3月、4月、5月、10月的 D_i 大于0，其余月份均小于0，而且年极端流量中最大流量的 D_i 均小于0，说明年极端流量中最大流量的指标处于RVA上下限内的年数均在减少。

做出IHA中1月的平均流量过程图（图4.2-11）以及最小3d流量过程图（图4.2-12），其中，1月平均流量的 D_i 为-1，最小3d流量的 D_i 为0.88，虽说水文改变度都很高，但是表现出来的效果却不同，前者处于RVA范围的年数在减少，后者却在增加，这也就反映了传统RVA的不足之处。由于有一个以上的IHA指标为高度改变，因此整体为高度改变；根据式（4.2-14），计算出整体水文改变度为72.57%。由此可以看出六冲河七星关站受气候变化影响较为显著，整体水文要素变化较大，这对六冲河七星关站附近的水文情势造成了较大的影响。

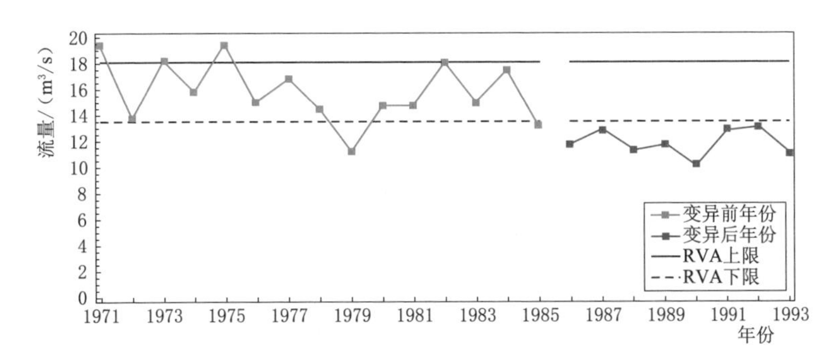

图4.2-11 1月平均流量计算结果

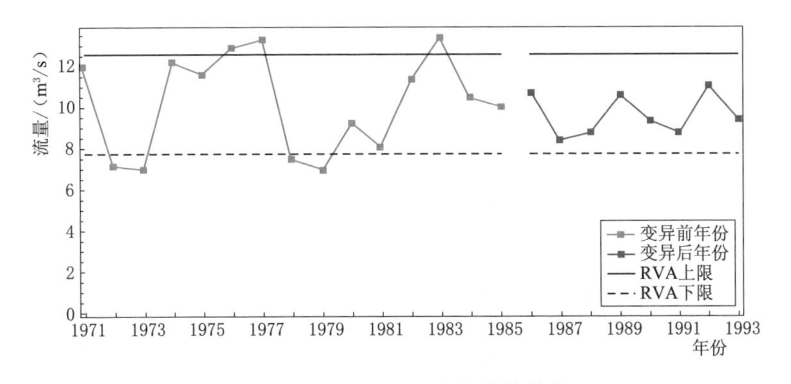

图4.2-12 最小3d流量计算结果

2. 趋势变化指标（IT）计算结果

运用式（4.2-15）～式（4.2-19）对IHA指标进行趋势分析，得到的结果见表4.2-7和表4.2-8，通过计算得到的IT值，可以判断趋势变化情况。其中，有19个IHA指标的IT值为负值，说明有很多IHA指标在变异前和变异后有着相反的变化趋势，取其中10月平均流量与最大90d平均流量两个指标的数据进行作图（图4.2-13和图4.2-14），前者IT值为－1.8，后者IT值为－1.52，可以看出变异前和变异后序列趋势确实存在差异，有22个IHA指标的IT值大于D_i的值，计算IT的平均值为0.95，D_i的平均值为0.53，可以看到，平均趋势变化指标的值比平均水文改变度的值大很多，如果像传统的RVA方法一样，只对水文改变度进行评估，这将使得变异情况不那么全面，即不能更全面地对水文变化情况进行评估，还需要通过别的指标进行完善。

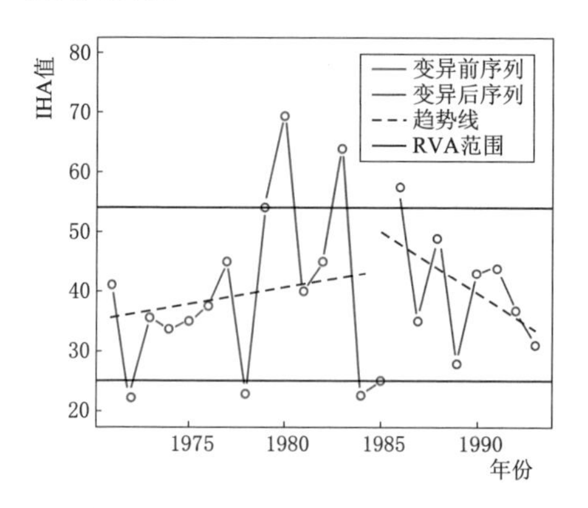

图4.2-13 10月平均流量趋势变化

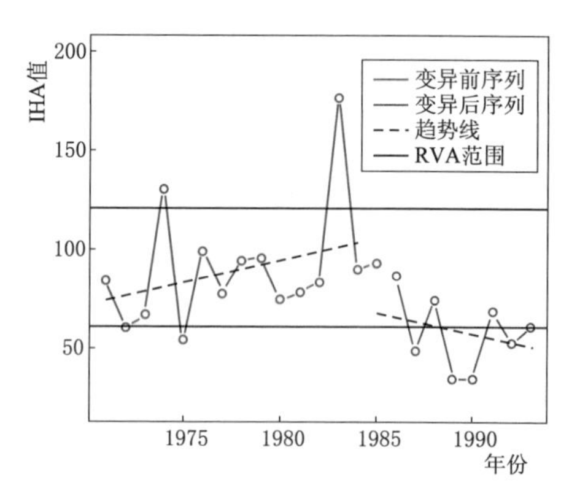

图4.2-14 最大90d流量趋势变化

3. 对称性指标（IS）计算结果

RVA上下限的值是根据受到干扰前的IHA序列中75%和25%分位数的值决定的，因此受到干扰前的IHA序列处于上限以上和下限以下的年数应该是相等的，其IS值等于0，然后对受到干扰后的IHA序列进行处于RVA上下限以外年数的计算，与受到干扰前进行对比，可以知道相对于干扰前是偏上还是偏下甚至无偏的，这就是所谓的对称性分析。

采用式（4.2-18）对受到干扰后的IHA各序列进行计算，计算结果见表4.2-7和表4.2-8，可以看到，32个指标中有18个指标的IS值小于0，说明偏向下的IHA指标较多一些，其中有12个指标的IS值为－1，表明这些指标序列中没有大于RVA上限的年份，其中有6个指标的IS等于0，表明这些指标序列是无偏的，其中有7个指标的IS值为1，表明这些指标序列中没有小于RVA下限的年份，其中，IS等于正负1的指标有19个，占比不小，说明受到干扰后的 IHA 序列很大一部分比较极端，要么一直处于 RVA 上限以上，要么一直处于 RVA 下限以下，这也同时说明变异程度较大。

计算 IS 平均值为 0.7，大于 D_i 的平均值 0.53，其中对于月平均流量和多日最大流量值，水文改变度指标没有对称性指标描述得那么充分，因为 IS 值比 D_i 更大。其中，4 月平均流量（IS=1）以及最大 3d 流量（IS=−1）的变化图如图 4.2－15、图 4.2－16 所示。

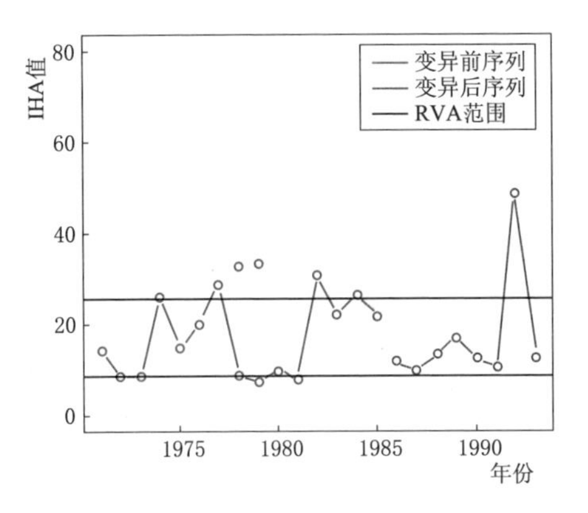

图 4.2－15　4 月平均流量对称性分析结果

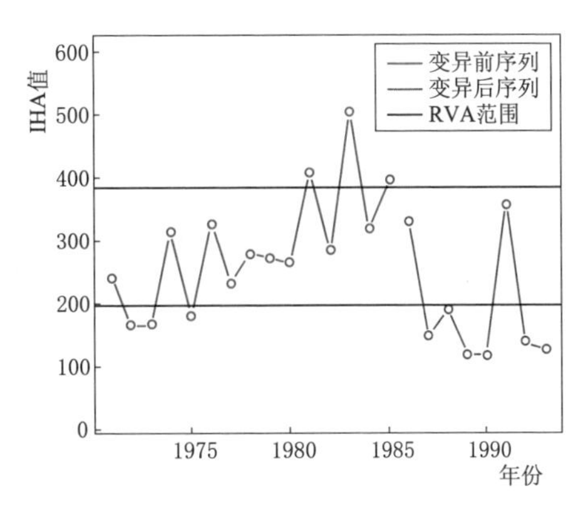

图 4.2－16　最大 3d 流量对称性分析结果

4. 生态流量指标计算结果

运用年生态流量指标对年径流变化进行分析，用季节生态流量指标对季节径流变化进行分析，计算结果见表 4.2－9，分析结果如下：

表 4.2－9　　计　算　结　果

年份	年平均		春		夏		秋		冬	
	生态不足	生态盈余	生态不足	生态盈余	生态不足	生态盈余	生态不足	生态盈余	生态不足	生态盈余
1986	−0.05	0.04	−0.12	0.00	0.00	0.07	0.00	0.01	−0.07	0.00
1987	−0.31	0.00	−0.21	0.00	−0.18	0.00	−0.12	0.00	−0.16	0.00
1988	−0.14	0.00	−0.18	0.00	−0.08	0.00	0.00	0.02	−0.17	0.00
1989	−0.45	0.00	−0.06	0.00	−0.42	0.00	−0.26	0.00	−0.19	0.00
1990	−0.42	0.00	−0.04	0.00	−0.40	0.00	−0.19	0.00	−0.24	0.00
1991	−0.22	0.03	−0.19	0.00	−0.17	0.00	−0.10	0.00	−0.07	0.00
1992	−0.22	0.00	0.00	0.10	−0.12	0.00	−0.19	0.00	−0.07	0.00
1993	−0.25	0.00	−0.16	0.00	−0.16	0.00	0.00	0.00	−0.19	0.00
平均值	−0.26	0.01	−0.12	0.01	−0.19	0.01	−0.11	0.00	−0.14	0.00

(1) 年径流变化。

1) 对每年的流量历时曲线进行分析，得出生态盈余量与生态不足量，而生态盈余量表示实测流量中高于自然状态下生态流量即75%流量曲线的流量，代表了高流量的变化；相反，生态不足量表示实测流量中低于自然状态下生态流量即25%流量曲线的流量，代表了低流量的变化。

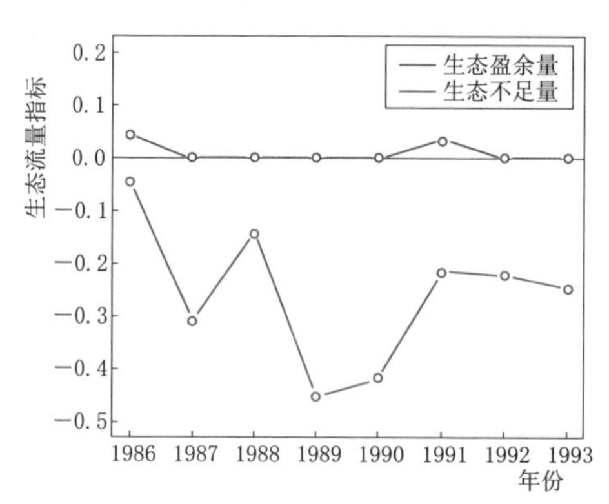

图 4.2-17 年生态流量指标的变化

2) 对1986—1993年七星关站日流量数据进行分析，结果见图4.2-17。可以看出，生态盈余量仅在1986年及1991年大于0，其余的年份均为0，但每个年份的生态不足量均大于0，且均大于生态盈余量，说明每年都存在缺水的情况，而且生态不足量自从1986年后在不断增大，在1989年达到最大，可以看到，1989年和1990年是生态不足量最大的两个年份，说明1989年和1990年缺水情况最为严重，此后相对减小了一些，这跟降水的变化趋势差不多，但总体上生态不足量比生态盈余量大得多，因此判断1986年后七星关站的流量呈现显著下降趋势，与之前的趋势分析结果一致。

(2) 季节径流变化。对1986—1993年七星关站每年的各季节的日流量过程进行分析，结果见图4.2-18。由图4.2-18可以看出：

1) 对于春季生态流量指标，只有1992年生态盈余量是明显大于0的，其值为0.104，且生态不足量为0，表明这一年春季水量是较为充足的。其余年份在春季时生态盈余量均等于0，而生态不足量均大于0，存在严重缺水的情况，其中1987年的生态不足量最大，为0.212；1988年、1991年和1993年在春季也是非常缺水的。

2) 对于夏季生态流量指标，其生态盈余量只有在1986年大于0，其值为0.07，其余年份均为0，且只有在1986年生态不足量为0，其余年份均大于0，这说明只有1986年在夏季是水量充足的，其余年份均在夏季处于缺水状态，而且缺水最为严重的年份为1989年和1990年，其生态不足量为0.42和0.401。与图4.2-17生态不足量变化过程相比较，发现两者的变化过程极其相似，经计算，夏季平均流量与年平均流量的比值为1.85，这说明夏季河道流量在整年的流量中占很大的比例，以至于在生态流量指标上对整年产生了

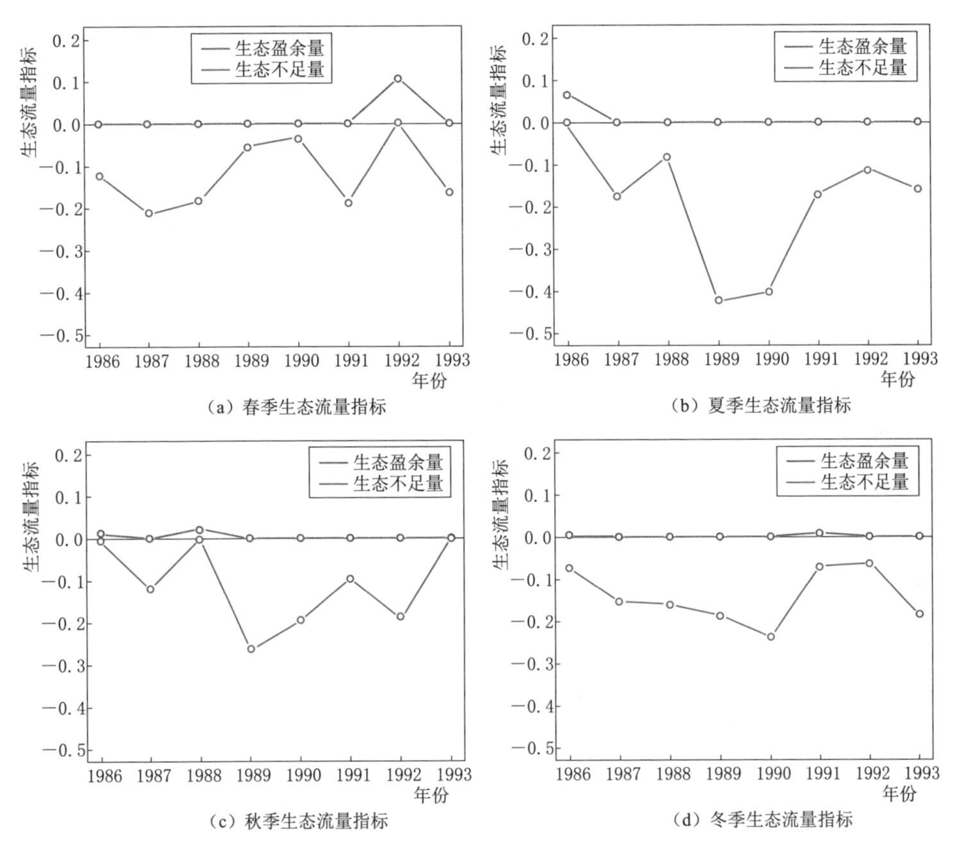

图 4.2-18 各季节生态流量指标

影响。

3）对于秋季生态流量指标，其生态盈余量仅在1986年及1988年大于0，其值分别为0.011和0.022，其余年份生态盈余量均为0，而生态不足量也仅在这两年以及1993年为0，其余年份均大于0，说明1986年及1988年秋季水量较为充足，且1993年秋季流量较为稳定，既不缺水也没有多余的水，而其余年份均存在生态缺水情况，且生态不足量从1986年呈现上升趋势，在1989年生态不足量最大，达到0.264，接下来不断下降一直到0。

4）对于冬季生态流量指标，各年的生态不足量均大于0，而生态盈余量非常小，几乎接近于0，即每年均在冬季存在生态缺水状况，而且生态不足量从1986年的0.075一直上升到1990年的0.242，随后减小到1992年的0.07，在1993年又上升到0.19左右。

总体而言，只有1992年的春季、1986年的夏季和秋季以及1988年和

1993年的秋季水量较为充足，其他时间段都是处于缺水状态的，除了春季，其余的季节均在1989年和1990年生态不足量达到最大，除此之外，这三个季节生态不足量均在1986年到1990年大致呈现增大趋势，在1990年以后逐渐减小，这跟降雨变化过程几乎一致。对比四个季节的生态不足量的均值（见表4.2-9）发现，秋季的生态不足量是最小的，为0.11，而夏季的生态不足量最大，为0.19，这表明在四个季节中，夏季最容易处于缺水状态，相比之下秋季水量最为充沛。

5. IHA指标与生态流量指标的比较

为了对IHA指标与生态流量指标的关系进行研究，计算1986—1993年IHA指标与季节生态流量指标的Pearson相关系数，计算结果见表4.2-10和表4.2-11。可以看出，大部分IHA指标与生态流量指标之间有较好的相关关系。

表4.2-10 生态流量指标与IHA指标的相关系数（一）

水文分组	IHA指标	春		夏	
		生态盈余量	生态不足量	生态盈余量	生态不足量
各月流量平均值	1月	−0.13	0.53	0.38	−0.07
	2月	0.37	0.83	0.33	0.03
	3月	0.78	0.60	−0.31	−0.09
	4月	0.68	0.99	0.12	−0.16
	5月	0.78	0.74	−0.06	0.09
	6月	0.43	0.73	0.28	0.12
	7月	−0.10	0.05	0.73	0.93
	8月	−0.62	−0.34	0.45	0.13
	9月	−0.68	−0.40	0.54	0.11
	10月	−0.17	−0.15	0.59	0.70
	11月	−0.23	0.09	0.68	0.50
	12月	−0.44	−0.29	0.65	0.73
年极端流量	最小1d	0.74	0.56	0.05	0.45
	最小3d	0.77	0.57	0.01	0.43
	最小7d	0.77	0.55	0.01	0.43
	最小30d	0.73	0.67	0.06	0.29
	最小90d	0.73	0.75	−0.04	0.00
	最大1d	−0.38	−0.19	0.50	0.48
	最大3d	−0.40	−0.21	0.55	0.58

续表

水文分组	IHA 指标	春		夏	
		生态盈余量	生态不足量	生态盈余量	生态不足量
年极端流量	最大 7d	−0.42	−0.14	0.56	0.49
	最大 30d	−0.53	−0.16	0.82	0.69
	最大 90d	−0.50	−0.11	0.90	0.64
	基流指数	0.62	0.01	−0.92	−0.38
年极端流量出现时间	年最小 1d 发生时间	0.62	0.96	0.06	−0.30
	年最大 1d 发生时间	−0.20	−0.20	0.03	0.06
高、低流量的频率及延时	低流量次数	0.41	−0.38	−0.83	−0.06
	低流量平均延时	−0.02	0.39	0.68	0.36
	高流量次数	−0.34	0.10	0.66	0.10
	高流量平均延时	−0.32	0.07	0.64	0.52
流量变化改变率及频率	流量平均增加率	−0.28	0.01	0.84	0.74
	流量平均减少率	0.37	0.14	−0.83	−0.76
	每年流量逆转次数	−0.18	0.05	0.77	0.58

表 4.2-11　　生态流量指标与 IHA 指标的相关系数（二）

水文分组	IHA 指标	秋		冬	
		生态盈余量	生态不足量	生态盈余量	生态不足量
各月流量平均值	1 月	−0.13	−0.22	−0.13	−0.22
	2 月	−0.24	−0.14	−0.24	−0.14
	3 月	−0.67	−0.11	−0.67	−0.11
	4 月	−0.38	−0.18	−0.38	−0.18
	5 月	−0.41	−0.41	−0.41	−0.41
	6 月	−0.17	0.04	−0.17	0.04
	7 月	0.54	0.32	0.54	0.32
	8 月	0.59	0.41	0.59	0.41
	9 月	0.85	0.65	0.85	0.65
	10 月	0.55	0.67	0.55	0.67
	11 月	0.55	0.19	0.55	0.19
	12 月	0.64	0.33	0.64	0.33
年极端流量	最小 1d	−0.29	−0.10	−0.29	−0.10
	最小 3d	−0.33	−0.13	−0.33	−0.13
	最小 7d	−0.32	−0.15	−0.32	−0.15

续表

水文分组	IHA 指标	秋		冬	
		生态盈余量	生态不足量	生态盈余量	生态不足量
年极端流量	最小 30d	−0.38	−0.10	−0.38	−0.10
	最小 90d	−0.49	−0.05	−0.49	−0.05
	最大 1d	0.42	0.30	0.42	0.30
	最大 3d	0.46	0.28	0.46	0.28
	最大 7d	0.45	0.15	0.45	0.15
	最大 30d	0.71	0.45	0.71	0.45
	最大 90d	0.86	0.65	0.86	0.65
	基流指数	−0.85	−0.55	−0.85	−0.55
年极端流量出现时间	年最小 1d 发生时间	−0.45	−0.16	−0.45	−0.16
	年最大 1d 发生时间	0.05	0.16	0.05	0.16
高、低流量的频率及延时	低流量次数	−0.58	−0.39	−0.58	−0.39
	低流量平均延时	0.30	0.74	0.30	0.74
	高流量次数	0.70	0.69	0.70	0.69
	高流量平均延时	0.40	0.02	0.40	0.02
流量变化改变率及频率	流量平均增加率	0.68	0.66	0.68	0.66
	流量平均减少率	−0.77	−0.70	−0.77	−0.70
	每年流量逆转次数	0.81	0.60	0.81	0.60

（1）可以看到，月平均径流与该月份所在季节的生态流量指标有较强的相关性，表明生态流量指标可以较好地反映月径流变化的主要特征。

（2）除此之外，生态流量指标与年极端流量的指标之间同样有较强的相关性。春季的生态盈余量、生态不足量与不同历时的年最小流量之间有较强相关关系；与此类似，不同历时的年最大流量与夏季、秋季以及冬季的生态盈余量、生态不足量有较强的相关性，而且冬季与年极端流量总体相关性最强。

（3）年最小 1d 发生时间与春季生态流量指标有较强的相关性。

（4）低流量平均延时与夏季、冬季的生态盈余量以及秋季的生态不足量之间有较强的相关性，高流量次数与秋季的生态流量指标和夏季的生态盈余量有较强的相关性，高流量平均延时与冬季的生态流量指标有较强的相关性。

（5）流量平均增加率与夏季的生态流量指标相关性最强，与秋季和冬季也有不错的相关关系。而每年流量逆转次数与夏季和秋季的生态流量指标相关性较强。

这表明季节尺度的生态流量指标能够反映较小时间尺度水文情势变化信息，例如极端流量的大小、流量变化率、次数以及高、低流量平均延时等。仅有少部分 IHA 指标与生态流量指标相关性较弱，包括低流量次数、流量平均减少率、年最大流量发生时间等。这表明生态流量指标无法反映一些较小时间尺度的水文情势变化信息，原因在于生态流量指标是基于流量历时曲线得到，而流量历时曲线无法反映某一流量事件的历时及流量事件发生时刻等信息。

4.3 贵州省代表性河流物种调查与评价

4.3.1 贵州省水生生物调查

贵州的地形地貌地质十分特殊，喀斯特地貌的发育形成了独特的喀斯特水域生境，为大量的珍稀动植物种提供了适宜的栖息地空间，其中水生生物种类繁多，有相当部分物种被列入国家级保护动物名单。根据统计资料，贵州省境内共有 232 种（亚种）鱼类物种，200 余种鱼分别隶属Ⅶ目、21 科、104 属，濒临灭绝的珍稀鱼种 11 种，其中 18 种只生活在贵州省水域内；两栖动物 68 种，其中，有尾 1 种，分 3 科 7 属，无尾 56 种，分别隶属于 6 科 20 属，其中 3 种列为国家二级保护动物，8 种只生活于贵州省水域内；爬行动物共有 103 种，其中 5 种属于龟鳖目，分别隶属于 2 科 4 属，20 种（包括亚种）属于爬行目，分别隶属于 5 科 11 属，78 种（包括亚种）属于蛇目，分别隶属于 6 科 27 属。国家二级保护动物有 1 种，贵州特有物种 5 种；水生植物 129 种（含变种），分别隶属于 41 科、69 属，其中 3 种已经濒临灭绝，2 种只生活于贵州省境内；哺乳类动物仅 1 种，被列入了国家二级保护动物名录。

六冲河全流域分布于贵州的乌蒙山区，是乌江的一级支流，发源地赫章县可乐区麻腮乡，沿途流过赫章等县，与三岔河汇合后最终汇入乌江中游。六冲河处于典型的喀斯特山区地貌，地质、水文特性与一般河流迥异，河道迂绕曲回两侧河岸陡峭，水面顶宽较窄，河床总落差较大（1293m），因此其河道内水流急，竖井、伏流多。六冲河流域所处的乌蒙山区，地形地貌复杂，气候温湿在流域内各处变化较大，生态环境多样性丰富，孕育了种类繁多的水生物种。据鱼类物种统计资料，流域内鱼类共计有 38（亚）种，其中有裂腹鱼、鲈鲤、黄颡鱼、唇鱼等当地特有的经济鱼类以及被列入国家二级保护动物名录的大鲵。但最近的十年来，鱼类资源量呈现出明显的减少趋势，一些名贵、品优的鱼类已经到了种群灭绝的边缘。据不完全资料调查显示，六冲河于 1995 年鱼的总产量超过 120t，2000 年鱼的总产量已经下降到不足 60t，减少率超过 50%。2004 年，洪家渡水电站建成蓄水之后，上游河道水面顶宽变大，鲤鱼、鲫鱼的生物量剧增，2006 年总的鱼产量虽然上升至超过 200t，但六冲河中特有的经济鱼类裂腹鱼等的总产量已减少到不足 10t；一份对六冲河从下木空河以上的河段鱼类资源的调查报告表明：2002 年，裂腹鱼等地方特有经济鱼类所占鱼类总资源量的比例在 70%以上；2006 年，这些经济鱼类所占的比重下降到了 50%以下，甚至在部分区域这些特有鱼种已濒临消失。20 世纪 80 年代的物种调查资料中，六冲河干流和支流中还有着大鲵、鳖、岩原鲤等保护动物出现的踪迹，现如今几乎看不到这些动物的出没。

4.3.2 指示物种及其特点

基于以上对六冲河的鱼类物种调查，选定裂腹鱼作为指示物种，原因有二：裂腹鱼为喀斯特地区特有物种，对喀斯特流域水文特性和自然环境具有适应性；裂腹鱼在贵州省内有比较广泛的分布，具有一定的代表性。

裂腹鱼为底层鱼类，要求较低的水温环境（15～20℃），喜欢生活于急缓流交界处，有短距离的生殖洄游现象。雌性需 4 龄达性成熟，雄性一般在 3 龄达性成熟，产卵季节在 3—4 月。其卵多产于急流底部的砾石和细砂上，亦常被水冲下至石穴中进行发育。产卵后的亲鱼到 9—10 月则回到江河深水处或水下岩洞中越冬。因此将一年中的 3—4 月作为其产卵期，5—10 月作为其非产卵期。

4.4 贵州省代表性河流生态需水过程分析与计算

4.4.1 生态需水定性计算

4.4.1.1 Tennant 法

运用基于调整百分比系数的 Tennant 法计算生态需水，按年内枯水月和丰水月两个标准取两条河各月多年平均流量相应的百分比作为月生态流量。根据对两条河的水文特性分析，六冲河以 5—10 月为丰水期，11 月至次年 4 月为枯水期；樟江以 4—9 月为丰水期，10 月至次年 3 月为枯水期。考虑天然流量过程的水文情势，丰水期取 30%，枯水期取 10%。计算结果见表 4.4-1 和表 4.4-2。

表 4.4-1 六冲河七星关站 Tennant 法逐月生态流量

月份	1	2	3	4	5	6	7	8	9	10	11	12
Tennant 法 $Q/(m^3/s)$	1.42	1.47	1.41	1.61	8.47	19.21	23.88	23.19	17.81	10.89	2.35	1.57
多年月均流量占比	0.1	0.1	0.1	0.1	0.3	0.3	0.3	0.3	0.3	0.3	0.1	0.1

表 4.4-2　　樟江荔波站 Tennant 法逐月生态流量

月　份	1	2	3	4	5	6	7	8	9	10	11	12
Tennant 法 $Q/(m^3/s)$	0.5	0.8	1.2	6.54	12.36	26.16	21.07	13.97	7.11	1.43	0.77	0.46
多年月平均流量占比	0.1	0.1	0.1	0.3	0.3	0.3	0.3	0.3	0.3	0.1	0.1	0.1

4.4.1.2　基于 IHA 指标的 RVA 法

1. 指标计算

选取 IHA 中的部分指标对两条河的多年日流量过程进行分析计算，IHA 指标计算结果见表 4.4-3 和表 4.4-4。

表 4.4-3　　六冲河七星关站 IHA 指标计算结果

IHA 指标	水文参数	中值	离散系数	RVA 阈值	
				下限	上限
月均流量 $/(m^3/s)$	1 月	14.22	0.18	12.30	15.64
	2 月	14.69	0.30	11.52	16.63
	3 月	14.08	0.38	10.30	15.98
	4 月	16.05	0.58	9.58	19.30
	5 月	28.23	0.78	13.06	35.32
	6 月	64.03	0.52	39.37	80.79
	7 月	79.59	0.52	49.37	98.08
	8 月	77.31	0.62	42.17	103.12
	9 月	59.37	0.67	30.41	77.90
	10 月	36.31	0.38	26.28	43.61
	11 月	23.51	0.56	14.69	27.26
	12 月	15.71	0.24	12.99	17.64
年均极值 $/(m^3/s)$	年均 1d 最小流量	8.91	0.29	7.07	10.48
	年均 3d 最小流量	9.39	0.22	7.91	10.75
	年均 7d 最小流量	9.65	0.21	8.21	10.97
	年均 30d 最小流量	10.60	0.21	9.00	11.97
	年均 90d 最小流量	12.82	0.27	10.28	14.74
	年均 1d 最大流量	398.63	0.41	284.24	501.33
	年均 3d 最大流量	274.07	0.38	201.33	342.34
	年均 7d 最大流量	211.93	0.41	151.06	267.31
	年均 30d 最大流量	125.18	0.39	89.94	155.35
	年均 90d 最大流量	85.54	0.41	60.06	104.55

表 4.4-4　　樟江荔波站 IHA 指标计算结果

IHA 指标	水文参数	中值	离散系数	RVA 阈值	
				下限	上限
月均流量	1 月	5.03	0.69	2.91	5.67
	2 月	8.05	0.87	3.27	10.27
	3 月	11.96	0.88	4.46	15.94
	4 月	21.81	0.55	13.13	26.68
	5 月	41.20	0.52	25.92	54.63
	6 月	87.19	0.50	55.54	112.92
	7 月	70.23	0.68	35.16	97.76
	8 月	46.58	0.72	22.61	60.17
	9 月	23.71	0.79	10.40	30.90
	10 月	14.25	0.99	6.39	15.78
	11 月	7.73	0.56	4.66	9.31
	12 月	4.63	0.46	3.18	5.30
年均极值	年均 1d 最小流量	1.75	0.18	1.10	2.23
	年均 3d 最小流量	2.34	0.26	1.91	2.72
	年均 7d 最小流量	2.52	0.25	2.07	2.91
	年均 30d 最小流量	3.02	0.25	2.49	3.49
	年均 90d 最小流量	5.32	0.46	3.56	6.30
	年均 1d 最大流量	595.64	0.38	442.82	745.21
	年均 3d 最大流量	395.71	0.37	290.49	481.75
	年均 7d 最大流量	251.64	0.38	185.03	313.96
	年均 30d 最大流量	134.77	0.30	107.27	161.95
	年均 90d 最大流量	76.82	0.26	62.80	89.02

根据 IHA 指标计算结果，六冲河上游主汛期集中于 6—10 月，这期间降雨占全年比重极大，河道流量较大且变化较快，反映流量偏离均值程度大小的离散系数 C_v 较大，几乎都超过了 0.5，而非喀斯特地区天然河流一般不超过 0.3。RVA 阈值范围较广。非汛期的 1—3 月和 12 月，降雨少，河道内流量小，变化平稳，离散系数同其他月份相比较小。汛前期 4—5 月的离散系数分别为 0.58、0.78，汛后期 11 月的离散系数为 0.56，均较大，这是由于六冲河上游雨季来临和结束时间变化较大。樟江全年各月的 C_v 值都非常大，表现出樟江流域全年湿润多雨的气候特征。年均极值流量大小及其出现时间可以传递信号给水生生物，调节水生生物各种生命节律，如鱼类的产卵繁殖活

动与其存在响应关系。

2. RVA 法计算月生态流量过程

两河均处于喀斯特地区，且受气候因素影响大，径流年际变化大，径流年内分布不均匀，直接将各月划分为丰水期、枯水期，相应取固定比例的上下限差值作为生态流量，缺乏对水文情势的合理考虑。因此在总结已有研究结果的基础上，采用根据各月离散系数大小确定生态流量计算百分比系数，标准见表 4.4-5。

表 4.4-5　　RVA 法百分比系数标准

C_v	0～0.4	0.4～0.8	0.8 以上
百分比系数/%	75	50	25

计算得到的两河逐月生态流量过程见表 4.4-6 和表 4.4-7，月流量过程线见图 4.4-1 和图 4.4-2。

表 4.4-6　　六冲河七星关站 RVA、Tennant 法逐月生态流量过程

月份	1	2	3	4	5	6	7	8	9	10	11	12
RVA	2.50	3.83	4.26	4.86	11.13	20.71	24.35	30.48	23.74	12.99	6.28	3.49
占比	0.18	0.26	0.30	0.30	0.39	0.32	0.31	0.39	0.40	0.36	0.27	0.22
Tennant 法	1.42	1.47	1.41	1.61	8.47	19.21	23.88	23.19	17.81	10.89	2.35	1.57
占比	0.10	0.10	0.10	0.10	0.30	0.30	0.30	0.30	0.30	0.30	0.10	0.10

表 4.4-7　　樟江荔波站 RVA、Tennant 法逐月生态流量过程

月份	1	2	3	4	5	6	7	8	9	10	11	12
RVA	1.38	1.75	2.87	6.77	14.36	28.69	31.30	18.78	10.25	2.35	2.33	1.06
占比	0.27	0.22	0.24	0.31	0.35	0.33	0.45	0.40	0.43	0.16	0.30	0.23
Tennant 法	0.50	0.80	1.20	6.54	12.36	26.16	21.07	13.97	7.11	1.43	0.77	0.46
占比	0.10	0.10	0.10	0.30	0.30	0.30	0.30	0.30	0.30	0.10	0.10	0.10

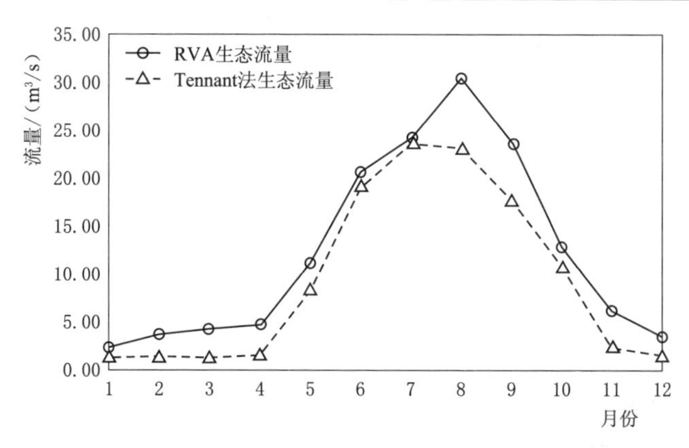

图 4.4-1　六冲河七星关站 RVA、Tennant 法逐月生态流量过程线

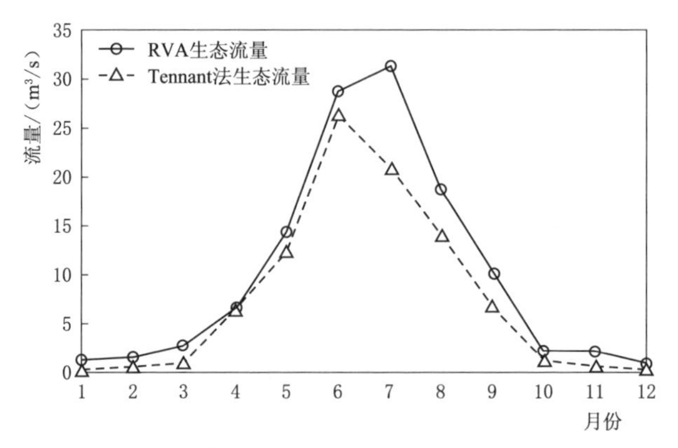

图 4.4-2 樟江荔波站 RVA、Tennant 法逐月生态流量过程线

4.4.2 生态需水过程模拟

选取七星关站及其下游两个控制断面 H1、H2 的断面资料，三断面情况如图 4.4-3～图 4.4-5 所示。此河段边坡极陡，均为岩石，河道断面形状变化小，河底有卵石及较少水草。水文资料主要采用七星关站的水位流量资料。

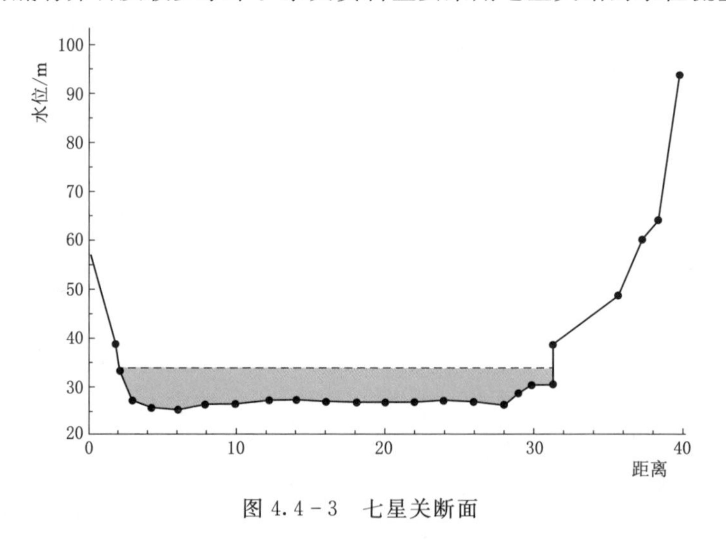

图 4.4-3 七星关断面

采用 HEC-RAS 一维水动力模型进行模拟计算，主要参数有河道和岸边糙率系数，河道扩张和收缩系数。根据天然河道糙率参考表，结合七星关站附近河段的断面情况，设定岸边糙率系数为 0.025，河道糙率为 0.03，扩张收缩系数为 0。

4.4.2.1 六冲河裂腹鱼的生态水力标准

R2CROSS 法所确定的生态水力标准适用于科罗拉多州的河流，且是基于

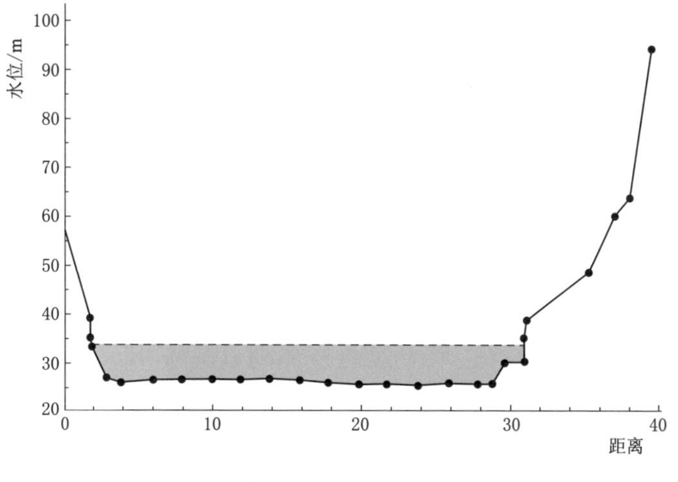

图 4.4-4 H1 断面

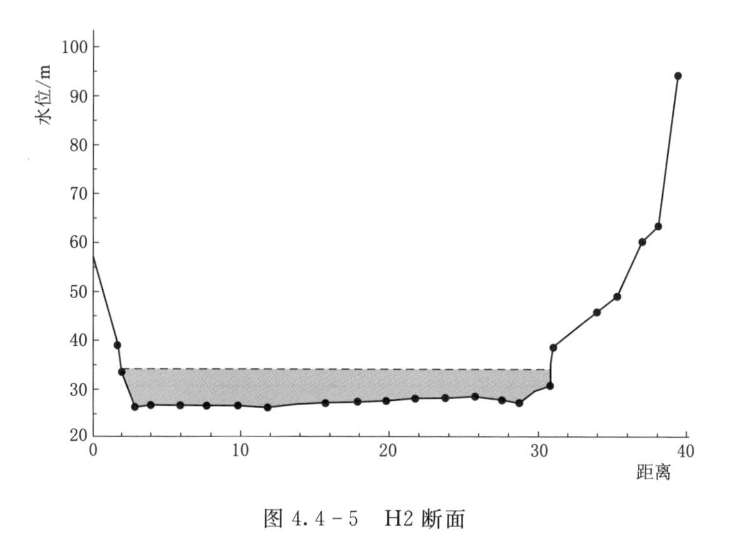

图 4.4-5 H2 断面

一般鱼类的生境需要制定的。六冲河七星关河段由于其地形地貌的特殊性需要对其生态水力标准进行适应性修改，还需通过调查确定裂腹鱼的生境水力参数。

根据图 4.4-3～图 4.4-5，该河段为 U 形断面，制约其裂腹鱼生境适宜性的因素主要为平均水深和平均流速。目前，鱼类生境水力参数的确定主要运用野外调查、数值模拟与野外调查相结合、专家经验、文献资料以及相关法等方法。国内对裂腹鱼生态水力标准的研究主要集中于齐口裂腹鱼，对其他种类的裂腹鱼的研究几乎没有。夏娟等得出西南山区河流中的裂腹鱼的最低生态水力标准，平均水深最低生态标准为0.4m，平均流速最低生态标准为0.2；枯水月2月，裂腹鱼对小型河流的平均流速需求为0.4～1.2m/s、中型河流为0.36～0.9m/s、大型河流为0.4～1.0m/s，对小型河流平均水深的需求为0.3～0.65m、中型河流为0.44～2.6m、大型河流为1.5～5.8m[82]。卢红伟运用专家法总结提出裂腹鱼水深偏好范围为0.5～1.5m，流速的偏好范围为1.5～2.5m/s[83]。陈明千通过数值模拟方法，研究了齐口裂腹鱼天然产卵场，得出齐口裂腹鱼在产卵期对水深的偏好范围为0.5～1.5m，流速的偏好范围为0.5～2.5m/s[84]。张志广等提出裂腹鱼产卵期偏好水深范围为0.5～1.5m、偏好流速范围为0.5～2.0m/s[85]。

总结文献调查结果，选取裂腹鱼产卵期（3—4月）水深0.5m、流速0.5m/s为最低生态水力标准。

4.4.2.2　模拟计算结果

模拟计算结果见表4.4-8和表4.4-9：

表4.4-8　HEC-RAS计算结果（一）

断　面	流量/(m^3/s)	2	4	6	8	10	12	14
七星关断面	流速/(m/s)	0.24	0.34	0.41	0.45	0.5	0.52	0.55
	平均水深/m	0.32	0.44	0.54	0.64	0.7	0.8	0.88
H1断面	流速/(m/s)	0.17	0.26	0.33	0.38	0.42	0.45	0.48
	平均水深/m	0.44	0.56	0.66	0.75	0.83	0.92	1
H2断面	流速/(m/s)	0.29	0.4	0.46	0.49	0.53	0.55	0.58
	平均水深/m	0.26	0.37	0.47	0.57	0.65	0.75	0.83

表4.4-9　HEC-RAS计算结果（二）

断　面	流量/(m^3/s)	16	18	20	30	40	50	60
七星关断面	流速/(m/s)	0.58	0.6	0.63	0.74	0.85	0.96	1.06
	平均水深/m	0.96	1.03	1.1	1.39	1.61	1.78	1.91
H1断面	流速/(m/s)	0.51	0.54	0.56	0.68	0.79	0.89	1
	平均水深/m	1.08	1.16	1.23	1.52	1.74	1.9	2.04
H2断面	流速/(m/s)	0.61	0.63	0.65	0.76	0.87	0.99	1.09
	平均水深/m	0.91	0.99	1.05	1.35	1.57	1.73	1.87

本次计算控制断面较少，河段较短，根据满足裂腹鱼产卵期水力标准的比例确定生态流量显然不合理。因此，选择了3个断面同时满足裂腹鱼产卵期水力标准的最小流量16m^3/s作为裂腹鱼产卵期生态基流量。

4.4.2.3　六冲河七星关站河段裂腹鱼生态需水过程

生态需水过程线的实质是为受到水利工程胁迫的河流提供尽可能符合自

然河流生态环境需求的水文周期信息。因此，需要构建生态需水过程，需要考虑河流天然水文情势以及裂腹鱼栖息地的生态水文特征。

1. 裂腹鱼栖息地生态水文学特征

采用六冲河上游裂腹鱼栖息地代表水文站七星关水文站 1971—1993 年、1998—2009 年共计 35 年的逐日流量数据，对裂腹鱼产卵期（3—4 月）和非产卵期（5—10 月）逐日流量序列进行统计分析，计算日涨水率、日落水率分布区间对应的频率，对其进行归一化处理，计算出各分布区间的分布指数（分布指数为各分布区间对应的频率值与最大频率值之间的比值）。裂腹鱼产卵期日涨水率和日落水率区间频率分布结果见图 4.4-6、图 4.4-7，非产卵期日涨水率和日落水率区间频率分布结果见图 4.4-8、图 4.4-9。

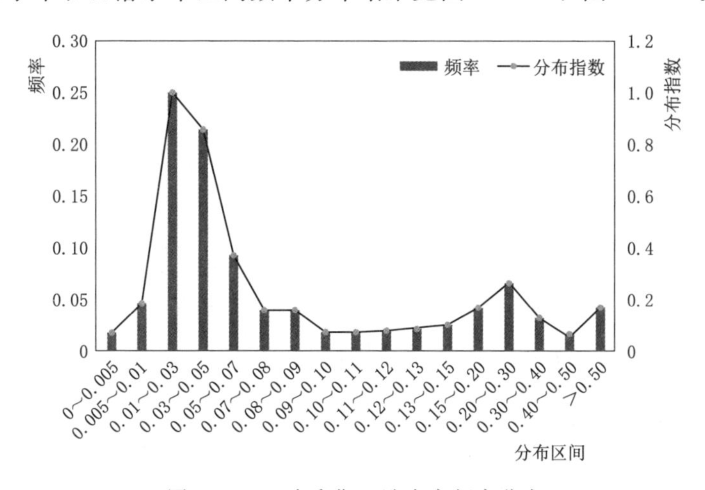

图 4.4-6 产卵期日涨水率频率分布

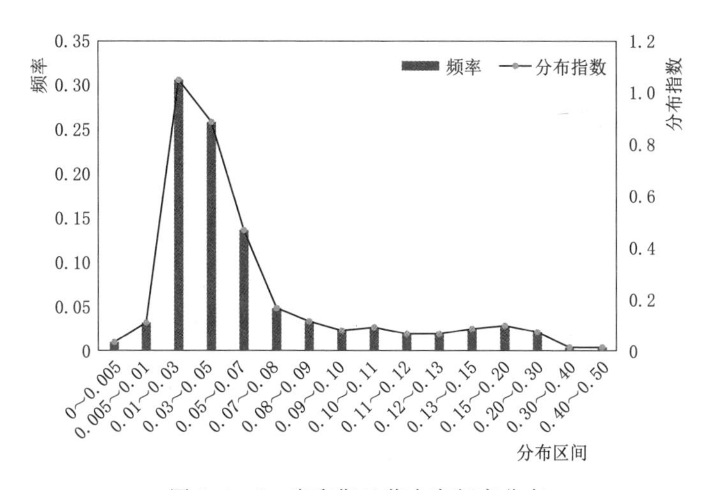

图 4.4-7 产卵期日落水率频率分布

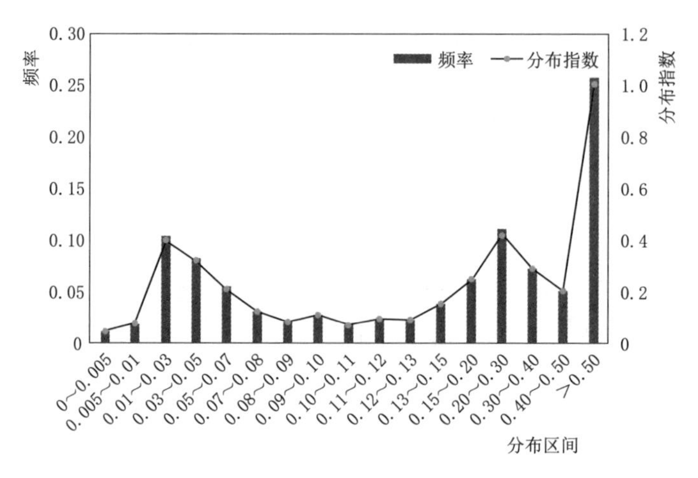

图 4.4-8 非产卵期日涨水率频率分布

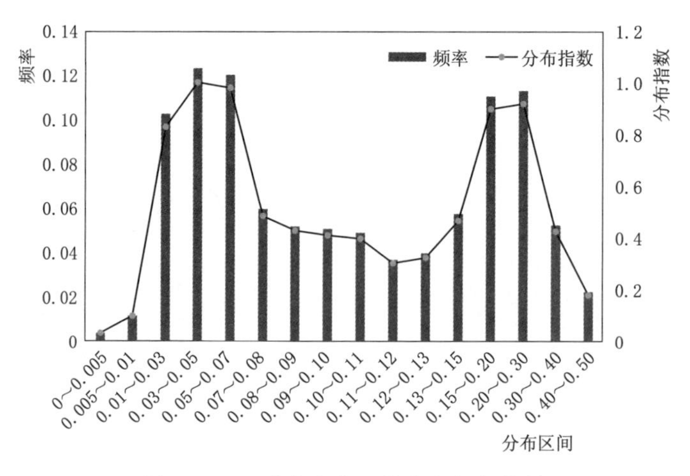

图 4.4-9 非产卵期日落水率频率分布

在裂腹鱼产卵期，根据图 4.4-6、图 4.4-7，涨水率分布区间的分布指数达到 0.5 以上的范围为 0.01～0.05，分布指数高于 0.75 和 0.9 的区间为 0.01～0.03。落水率区间分布指数达到 0.5 以上的范围为 0.01～0.07，在高于 0.75 和 0.9 的范围均为 0.01～0.03。在裂腹鱼非产卵期，根据图 4.4-8、图 4.4-9，涨水率和落水率分布均有数个峰值，考虑到生物生境稳定性要求，取涨落水率较低的分布峰值区间。涨水率取 0.01～0.05，落水率取 0.01～0.07。

根据上述分析，裂腹鱼的栖息地生态水文学指标适宜范围见表 4.4-10。

2. 生态流量过程

运用 R2CROSS 法计算六冲河七星关站生态流量，考虑了指示物种裂腹鱼的栖息地水力要求，故采用 R2CROSS 法计算出的 $16m^3/s$ 作为生态基流量。

表 4.4-10　　裂腹鱼的栖息地生态水文学指标适宜范围

生态水文学指标		适宜范围
产卵期	涨水率	0.01～0.05
	落水率	0.01～0.07
非产卵期	涨水率	0.01～0.05
	落水率	0.01～0.07

在裂腹鱼的产卵期（3—4 月），六冲河的水文情势以涨水过程为主，这里在裂腹鱼产卵期建立一个持续的涨水过程，3 月上旬涨水率控制在 0.01，持续 10 天；3 月中旬为一个持续 10 天保持 0.02 涨水率的涨水过程；裂腹鱼产卵时间集中于 3 月下旬到 4 月末之间，故从 3 月下旬到 4 月中旬为一个持续涨水过程，涨水率控制在 0.03，并满足 4 月下旬伊始，流量大小不低于产卵期生态基流量 16m^3/s；4 月下旬控制为一个缓慢涨水过程，涨水率为 0.01。5—10 月，结合裂腹鱼非产卵期栖息地生态水文学特征，构建了一个有涨有落的流量变化过程。整个 5 月，每 10 天涨一次水，涨水率为 0.05；整个 6 月一直为持续涨水过程，6 月上中旬控制涨水率在 0.01，下旬涨水率为 0.03；7 月上旬前 5 天以 0.05 的涨水率持续涨水，形成一次流量脉冲，峰值为 41.9m^3/s。而后以 0.05 的落水率持续落水至 7 月中旬结束；7 月下旬为平稳过程；8 月前半月以 0.03 涨水率持续涨水，制造一次流量脉冲，峰值为 31.52m^3/s；8 月后半个月到 10 月下旬结束，为持续落水过程，8 月下半月落水率为 0.05，9 月以 0.03 落水率持续落水，10 月以 0.01 落水率持续落水。

本次计算基于目标物种的水力生境需求，结合裂腹鱼产卵期和非产卵期栖息地的生态水文学特征，综合确定了六冲河七星关站附近河段逐日生态需水过程，见图 4.4-10。

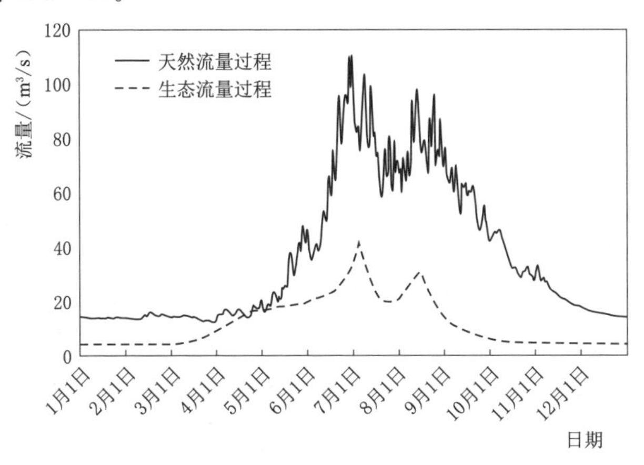

图 4.4-10　基于目标物种的生态需水过程

4.5　贵州省代表性河流生态保护目标分析

贵州省河流生态保护目标以河流控制断面生态流量目标值为体现，自2017年以来，贵州省已逐步开展全省重点河流生态流量目标确值及调度保障方案编制工作，随着工作的不断深入，贵州省已逐步建立起一套适应于本省自身特点的生态流量目标值确定方法。

4.5.1　生态流量概念

根据《河湖生态环境需水计算规范》（SL/T 712—2021）中对生态流量概念的说明，生态环境需水也可称为生态流量，分为基本生态流量和目标生态流量。

基本生态流量指维持河流、湖泊、沼泽给定的生态保护目标所对应的生态环境功能不丧失，需要保留的基本流量。基本生态流量包括生态基流、敏感期生态流量、年内不同时段流量、全年流量及其过程等表征指标。其中生态基流指维持河流、湖泊、沼泽等水生态系统功能不丧失，需要保留的底线流量，是基本生态流量过程中的最低值。目标生态流量指维系给定目标下生态环境功能的需水量，主要用来控制河道外供水对水资源的最大消耗量。

根据水利部及各流域关于对生态流量的相关技术要求，结合贵州省供水工程实际情况，贵州省重点河流生态保护目标以基本生态流量中的生态基流作为主要分析计算目标，以生态基流值作为生态保障目标值。

4.5.2　生态流量目标值计算方法

生态流量计算以生态流量相关规程规范及已有规划成果为基础，结合工程资料分析情况按照不同类别选取相对应的计算方法进行计算。其中，对于水利及环保部门已批复生态流量控制指标的控制断面，本书根据批复生态流量的类别进行采用（如果同一断面存在多个不同批复成果，则以最新批复成果为准）。

生态流量计算方法是以《河湖生态环境需水计算规范》（SL/T 712—2021）为基础，同时参考珠江水利委员会编制的《珠江流域河湖生态水量研究报告》、长江水利委员会编制的《乌江生态流量（水量）保障实施方案》中计算方法，结合贵州省河流特性实际情况进行综合选择。具体计算原则如下：

1. 蓄水工程

根据水库工程所在河流特性、径流丰枯变化及工程调蓄能力的不同，选取适宜的计算方法进行计算。

（1）对于工程断面自身具备调节能力（且调节性为日调节以上）或工程上游具有调节性工程，依据《河湖生态环境需水计算规范》（SL/T 712—2021）要求，同时参照流域委对生态流量控制指标计算方法，结合 Q90 法、Tennant 法，综合工程断面实际情况进行综合选取。

（2）对于工程自身调节性能极差（无调节或日调节）且上游无调节性水利工程，则依据《水利水电建设项目水资源论证导则》（SL 525—2011）要求结合控制断面实际情况，采用该断面多年平均最枯流量值作为生态基流（最枯流量按最枯日模数进行计算）。

2. 引提水工程

目前引提水工程生态流量下放暂无明确的标准可执行，本阶段参考《河湖生态环境需水计算规范》（SL/T 712—2021）中对天然河流控制断面生态流量的计算方法结合贵州省河流特性实际情况进行计算。

（1）对于水库库区内取水的引提工程，通过水库大坝进行生态流量下放，库区内引提水不另外考虑生态流量下放。

（2）有长系列（n＞30 年）水文资料的河流引提水断面，采用 Q90 法、Tennant 法等方法结合断面以上工程保障情况进行分析计算。

（3）缺乏长系列水文资料的河流引提水断面，可采用近十年最枯月平均流量（水位）法、类比法、最枯模数法等方法综合确定。

（4）比较分析多种方法计算结果，合理确定引提工程取水断面生态基流。

以上各类生态流量计算方法均需要根据控制断面实际情况及工程设计资料、取水许可、环境影响评价等资料已批复生态流量成果进行综合分析，同时考虑上、下游断面成果的协调性。

4.5.3 贵州省代表性河流生态流量目标核定情况

自 2017 年起，贵州省逐步开展全省水库生态流量核定工作，目前已完成全省水库及电站工程的生态流量目标值初步核定工作，随着生态流量核定技术要求的不断更新以及全省各级河流生态流量保障实施方案的编制，贵州省生态流量目标值核定也不断地完善、细化、合理化。

截至 2021 年，贵州省已完成 14 条省管河流生态流量核定方案的编制工作，其中长江流域 8 条，分别是赤水河、乌江干流、三岔河、六冲河、清水河、芙蓉江、清水江、㵲阳河；珠江流域 6 条，分别是南盘江、黄泥河、北盘江、红水河、蒙江、都柳江。涉及的主要控制断面生态流量目标值见表 4.5-1。

表4.5-1 贵州省省管河流重要控制工程生态流量目标值统计

序号	河流	工程名称	生态流量目标/(m^3/s)
1	乌江干流	东风水电站	77
2	乌江干流	索风营水电站	77
3	乌江干流	乌江渡水电站	112
4	乌江干流	构皮滩水电站	190
5	乌江干流	思林水电站	193
6	乌江干流	沙沱水电站	228
7	三岔河	出水洞水电站	2.25
8	三岔河	金狮子二级水电站	2.44
9	三岔河	樱孜渡水电站	2.53
10	三岔河	平寨水库	6.42
11	三岔河	阿珠水库	7.79
12	三岔河	普定水库	12.1
13	三岔河	引子渡水电站	13.7
14	六冲河	河口水库	0.841
15	六冲河	夹岩水利枢纽工程	12.1
16	六冲河	洪家渡水电站	14.4
17	清水河	松柏山水库	0.23
18	清水河	花溪水库	0.53
19	清水河	下坝水电站	2.65
20	清水河	大花水水电站	7.6
21	清水河	格里桥水电站	8.23
22	芙蓉江	牛都水电站	3.14
23	芙蓉江	良坎水库	3.67
24	芙蓉江	沙阡水电站	6.96
25	芙蓉江	鱼塘水电站	10.6
26	芙蓉江	角木塘水电站	13.6
27	赤水河-桐梓河	圆满贯水电站	2.5
28	赤水河-桐梓河	杨家园水电站	4.66
29	清水江	清新水电站	8.87
30	清水江	三板溪水电站	65
31	清水江	白市水电站	75.4
32	㵲阳河	观音岩水电站	1.55

续表

序号	河流	工程名称	生态流量目标/(m^3/s)
33	㵲阳河	红旗水电站	3.42
34	南盘江	天生桥一级水电站	97.5
35	南盘江	平班水电站	100
36	黄泥河	响水水库	1.11
37	黄泥河	阿依水电站	1.93
38	黄泥河	老江底水电站	20.1
39	北盘江	善泥坡水电站	7
40	北盘江	光照水电站	27.6
41	北盘江	马马崖一级水电站	31
42	蒙江	黄家湾水库	2.04
43	蒙江	河边水电站	4.76
44	蒙江	双河口水电站	8.08
45	都柳江	冷水沟水库	0.48
46	都柳江	白梓桥水电站	3.12

4.6 本章小结

本章先以六冲河为例，分析地区河流的水文特性，包括年内径流分布、洪水特性、枯水特性和基流分析，其中基流由 Lyne - Hollick 数字滤波法分割得到；分析发现六冲河枯水流量较少，基流变化更快，基流指数更加不稳定，表明喀斯特地区含蓄水能力差，地下汇水快。随后分析贵州省水文要素变化，发现贵州省西南地区降水和蒸发量最大，表明地区水资源相对更丰富，降水多年无明显趋势变化，蒸发呈现显著减少趋势，同时，贵州省无雨天数有聚集趋势，未来有集中的旱涝灾害可能。最后对贵州省五个水文站点进行趋势判断与突变点分析，发现七星关站呈显著下降趋势，且在 1986 年突变最为显著，其他水文站在趋势和突变上并不显著。同时对变异情况进行量化分析，选用了水文改变度、趋势性指标、对称性指标以及生态流量指标进行量化。分析认为，六冲河整体水文改变度较高，且以偏向下的指标为主；生态流量指标还指出，河流生态缺水较多。

然后通过文献调查了解贵州省及六冲河水生生物大体情况，并确定以裂腹鱼为指示物种，进行生态需水计算。随后采用 Tennant 法、RVA 法和 R2CROSS 法计算生态需水量。其中，Tennant 法和 RVA 法缺乏对生物的生活需要的考虑，且计算标准具有经验性、主观性，属于定性计算。在 R2CROSS 法的计算过程中，对生物的生态水力标准和栖息地生态水文学有具体的定量计算分析，因此认为，由 R2CROSS 法所确定的生态需水过程比较合理。结合河流涨落情况和裂腹鱼产卵需求，以 R2CROSS 法计算的生态需水为最低标准，构建了裂腹鱼生态需水过程。最后，结合现有成果给出了贵州省代表性河流生态流量保障目标。

第5章 贵州省水资源荷载均衡指标体系与评价

5.1 数据来源

（1）网站公布数据：2010—2019年贵州省水利厅、各市州水务局发布的水资源公报、水土保持公报，各市州统计局发布的统计年鉴，以及贵州省第一次水利普查公报、水资源三条红线等相关正式文件。

（2）申请非公开数据：对上述资料中获取的部分指标在某些年份公报中缺失的情况，向贵州省水利厅水资源管理处等部门提出非公开数据申请。对申请无果的数据（如铜仁市下辖区县的水资源供用情况），不进行计算处理。

5.2 贵州省各地市指标数据及评价标准

5.2.1 指标数据

水量指标主要考虑水资源量和用水量，其中水资源量指地表水和地下水以及其他方式产生的循环用水，用水量主要包含工业用水量、生活用水量、农业用水量、生态用水量等。由于贵州省地表水资源丰富，极少用到地下水，本书将不考虑地下水的拥有量和取用量，主要考虑降雨、径流等自然禀赋条件和社会经济、生态环境等部门用水情况来描述水量。水质指标通常是用污染物浓度表征，但因为研究区域较广、水质状况差异较大，所以改用更加宏观的污水排放量、水质达标率等指标。水域维度上，以往文献主要采用地表以上的水域面积、湿地面积等指标表征，鉴于部分数据获取困难，本书选取森林覆盖率、水土流失率等表征地表以下水分保留能力的指标，间接体现地下水资源所构成的区域。水流指标主要考虑人类行为对自然河流造成的连续性的改变。

在指标选取过程中，人均水资源量、人均生活用水量、单位经济用水量、产水模数、水资源开发利用率、灌溉水有效利用系数等国家规定的水资源量控制指标优先考虑，水质控制指标中河流水质达标率、水功能区水质达标率、供水水源地水质达标率，也优先选作评价指标。其他指标中，降水量、农田灌溉亩均用水量根据参考文献［86］选取，污水排放量、森林覆盖率根据文献［87］选取，水流阻隔率参照文献［88］选取。水土流失率在相关文献中极少用来作为水资源承载力指标，本书将其作为水资源留存能力指标；径流阻碍度是以水闸这类阻碍河流自然流动的建筑物数量与当年径流量的比值表示，表征水流被干扰的程度。

水资源承载力四维指标体系见表 5.2-1，表中 # 为承载力指标，* 为负荷指标。

表 5.2-1　评价指标体系计算方法及意义

准则层	指　标	单位	计算方法	意　义
量	降水量#	mm	当年值	地区水资源自然禀赋条件
	人均水资源量#	m^3	水资源总量除以人口数量	地区水资源自然禀赋条件
	人均日生活用水量*	L	生活用水量除以人口数量除以当年天数	生活用水水平
	万元 GDP 用水量*	m^3	总用水量除以年度万元地区生产总值	社会经济系统用水水平
	万元工业增加值用水量*	m^3	工业用水量除以年度万元工业增加值	社会经济系统用水水平
	水资源开发利用率*	%	总用水量除以水资源总量	社会经济系统用水水平
	产水模数#	万 m^3/km^2	水资源总量除以国土面积	地区水资源自然禀赋条件
	农田灌溉亩均用水量*	m^3	农业用水量除以农田有效灌溉面积	农业用水水平

续表

准则层	指　标	单位	计算方法	意　义
量	灌溉水有效利用系数#		当年值	农业用水水平
	耗水量*	亿 m^3	当年值	社会经济系统耗水水平
质	污水总排放量*	亿 t	当年值	水环境负荷水平
	优良水质河长比例#	%	优良水质河长除以监测河段总长度	水环境承载潜力
	水功能区水质达标率#	%	水功能区水质达标次数除以当年检测总次数	水环境承载潜力
	饮用水水源地水质合格率#	%	水源地水质达标次数除以当年检测总次数	水环境承载潜力
域	森林覆盖率#	%	森林面积除以国土面积	水域保留能力
	水土流失率*	%	水土流失面积除以国土面积	水域消退程度
流	水流阻隔率*	%	水库调节库容除以多年平均径流量	人类活动对自然水流的干扰程度
	径流阻碍度*	个/亿 m^3	水闸数除以当年径流量	人类活动对自然水流的干扰程度

以下分别列出贵州省各地级市 2010—2019 年指标数据，见表 5.2-2～表 5.2-10。

5.2.2 指标评价标准

对于不同指标的标准值，采用不同的方法确定。例如，人均水资源量、水资源开发利用率指标参考国际标准获得；人均日生活用水量、万元 GDP 用水量、万元工业增加值用水量、灌溉水利用系数、污水排放量、水功能区水质达标率、水土流失率等指标参考国家及贵州省出台的政策制度（如“三条红线”、水土保持规划等）确定；水流阻隔率、产水模数等指标由参考文献[88] 获得。具体值见表 5.2-11。

表 5.2-2　　贵阳市指标数据

指　标	单位	2010年	2011年	2012年	2013年	2014年	2015年	2016年	2017年	2018年	2019年
降水量	mm	1010.0	735.2	1226.4	888.3	1561.9	1430.9	1045.8	1165.9	1253.2	1253.8
人均水资源量	m^3	1042.89	616.39	1127.88	1110.37	1275.24	1044.61	693.03	1096.42	984.86	962.71
人均日生活用水量	L	106.95	140.31	112.01	105.42	110.05	110.85	111.41	115.82	119.14	122.45
万元GDP用水量	m^3	91.55	73.39	59.05	50.16	42.41	36.35	34.61	30.44	29.38	28.34
万元工业增加值用水量	m^3	155.34	105.30	88.64	74.30	53.17	56.86	54.38	44.74	45.72	45.79
水资源开发利用率	%	22.75	37.48	20.12	20.83	18.23	21.77	33.58	20.46	23.21	23.92
产水模数	万m^3/km^2	56.20	33.71	62.50	62.50	72.24	60.03	40.47	65.46	59.78	59.51
农田灌溉亩均用水量	m^3	553.21	500.40	473.09	659.11	691.95	727.77	752.36	619.97	650.03	645.08
灌溉水有效利用系数		0.431	0.439	0.442	0.451	0.456	0.459	0.461	0.465	0.472	0.478
耗水量	亿m^3	3.18	3.65	4.04	4.10	4.25	4.52	4.86	5.13	5.35	5.41
污水总排放量	亿t	6.40	6.03	5.59	5.34	5.12	4.89	4.57	4.38	4.89	5.03
优良水质河长比例	%	84.3	83.4	83.4	83.4	83.4	83.4	83.4	92.4	79.2	92.4
水功能区水质达标率	%	71.4	71.4	71.4	71.4	71.4	71.4	64.7	76.5	83.3	88.8
饮用水水源地水质合格率	%	90.0	100.0	100.0	90.0	100.0	100.0	100.0	100.0	100.0	100.0
森林覆盖率	%	41.78	41.78	43.20	44.20	45.00	45.50	46.50	48.66	52.20	52.68
水土流失率	%	25.00	24.75	24.49	24.24	23.96	23.70	23.45	23.19	22.94	22.68
水流阻隔率	%	69.86	52.47	70.96	66.25	66.78	42.35	45.74	44.39	44.12	43.85
径流阻碍度	个/亿m^3	0.00	0.00	0.00	0.00	0.00	0.00	0.00	0.00	0.00	0.00

表 5.2-3 遵义市指标数据

指　标	单位	2010 年	2011 年	2012 年	2013 年	2014 年	2015 年	2016 年	2017 年	2018 年	2019 年
降水量	mm	1055.7	819.8	993.9	852.9	1167.3	948.9	1117.4	932.7	1014.6	1123.0
人均水资源量	m^3	2648.01	1770.20	2504.63	1965.97	3468.55	2393.42	4686.44	2042.00	2469.44	3089.50
人均日生活用水量	L	78.62	81.74	83.31	94.11	93.03	95.57	95.89	100.85	103.11	104.34
万元 GDP 用水量	m^3	226.68	151.68	149.42	119.96	112.20	98.19	91.02	85.10	79.59	70.48
万元工业增加值用水量	m^3	92.91	71.47	91.17	42.87	54.55	39.88	38.37	32.57	30.70	24.97
水资源开发利用率	%	12.68	15.75	13.28	15.74	9.85	14.37	7.50	18.33	15.42	12.61
产水模数	万 m^3/km^2	52.79	35.10	49.80	39.26	69.40	48.18	94.89	41.48	50.34	63.29
农田灌溉亩均用水量	m^3	362.90	358.73	352.37	354.05	370.46	368.27	372.59	399.90	397.96	403.39
灌溉水有效利用系数		0.431	0.439	0.442	0.451	0.456	0.459	0.461	0.465	0.472	0.478
耗水量	亿 m^3	11.17	9.29	9.74	10.78	12.06	11.75	11.99	12.56	12.55	13.05
污水总排放量	亿 t	2.16	2.26	2.50	2.50	3.10	3.33	3.48	3.54	3.67	3.77
优良水质河长比例	%	72.2	84.7	84.7	83.0	85.6	83.4	80.6	80.6	86.4	88.8
水功能区水质达标率	%	63.6	27.2	27.3	77.8	92.0	91.7	91.3	91.3	95.7	97.9
饮用水水源地水质合格率	%	100.0	100.0	100.0	100.0	100.0	100.0	100.0	100.0	100.0	100.0
森林覆盖率	%	48.60	48.60	48.60	48.60	53.08	55.18	57.69	59.62	60.48	61.22
水土流失率	%	30.48	30.10	29.72	29.33	28.95	28.57	28.19	27.80	27.42	27.04
水流阻隔率	%	38.69	30.01	34.52	32.87	46.17	34.66	46.77	28.47	35.35	43.72
径流阻碍度	个/亿 m^3	0.06	0.09	0.07	0.08	0.05	0.07	0.03	0.08	0.06	0.05

表 5.2-4 安顺市指标数据

指　标	单位	2010年	2011年	2012年	2013年	2014年	2015年	2016年	2017年	2018年	2019年
降水量	mm	1262.5	803.8	1172.3	783.9	1326.0	1328.5	1078.8	1130.1	1323.4	1330.4
人均水资源量	m^3	2473.48	1148.68	2659.63	1047.60	2693.61	2772.85	1734.09	2208.24	2693.04	2721.27
人均日生活用水量	L	66.10	59.48	62.03	79.79	99.13	113.69	76.48	90.10	86.86	98.29
万元 GDP 用水量	m^3	230.89	204.66	172.48	151.88	31.85	127.16	109.15	98.48	96.06	94.89
万元工业增加值用水量	m^3	164.79	218.86	174.73	145.80	143.29	135.04	121.52	105.96	109.24	89.48
水资源开发利用率	%	9.45	22.31	10.01	27.05	12.00	12.40	18.96	15.27	12.88	13.63
产水模数	万 m^3/km^2	61.40	28.26	65.53	26.01	66.95	69.22	43.57	55.86	68.38	69.41
农田灌溉亩均用水量	m^3	311.33	436.59	352.95	339.74	255.40	371.94	344.12	380.15	383.79	410.78
灌溉水有效利用系数		0.431	0.439	0.442	0.451	0.456	0.459	0.461	0.465	0.472	0.478
耗水量	亿 m^3	2.64	2.54	2.59	3.04	4.25	3.88	3.58	3.68	3.77	4.17
污水总排放量	亿 t	0.35	0.50	0.58	0.61	0.60	0.60	0.70	0.74	0.79	0.83
优良水质河长比例	%	98.2	91.8	98.2	98.2	98.2	98.5	98.4	100.0	100.0	92.4
水功能区水质达标率	%	83.3	83.3	80.0	80.0	83.3	83.3	100.0	100.0	100.0	88.8
饮用水水源地水质合格率	%	89.0	88.5	92.8	89.1	100.0	100.0	100.0	100.0	100.0	100.0
森林覆盖率	%	38.56	39.18	40.50	42.48	44.43	47.00	51.86	53.18	56.73	59.03
水土流失率	%	25.10	25.25	25.37	25.60	25.74	25.83	26.00	26.24	26.57	26.28
水流阻隔率	%	5.50	4.56	6.17	3.62	5.64	6.56	5.60	5.29	5.27	4.34
径流阻碍度	个/亿 m^3	0.42	0.92	0.40	1.00	0.39	0.37	0.59	0.46	0.38	0.37

表 5.2-5　　黔南州指标数据

指　标	单位	2010年	2011年	2012年	2013年	2014年	2015年	2016年	2017年	2018年	2019年
降水量	mm	1201.1	938.8	1145.9	1057.8	1356.4	1395.8	1260.2	1273.2	1252.8	1319.3
人均水资源量	m^3	4043.86	2714.92	3976.69	3755.49	5927.31	6724.45	5753.71	5880.59	5781.72	5291.35
人均日生活用水量	L	89.81	63.48	68.31	81.30	81.35	82.81	83.17	152.44	151.46	155.41
万元 GDP 用水量	m^3	307.56	257.22	224.06	149.95	125.60	123.05	110.32	103.57	94.20	82.08
万元工业增加值用水量	m^3	214.07	208.17	226.59	121.58	90.15	86.18	82.68	72.76	63.13	49.41
水资源开发利用率	%	6.59	10.14	7.42	7.97	5.25	5.10	6.02	6.25	6.50	7.14
产水模数	万 m^3/km^2	63.57	42.94	61.49	46.38	73.15	83.22	71.63	73.43	72.66	66.59
农田灌溉亩均用水量	m^3	332.88	309.32	306.88	306.09	333.69	247.02	255.53	267.94	262.05	262.11
灌溉水有效利用系数		0.431	0.439	0.442	0.451	0.456	0.459	0.461	0.465	0.472	0.478
耗水量	亿 m^3	6.22	5.80	5.83	4.75	5.16	5.72	5.80	6.41	6.64	6.71
污水总排放量	亿 t	0.70	0.70	0.73	0.75	1.21	2.25	0.88	0.92	0.92	1.03
优良水质河长比例	%	93.1	93.5	91.3	91.3	81.5	83.4	79.1	86.1	84.8	95.6
水功能区水质达标率	%	78.7	81.4	84.0	86.7	91.3	90.9	90.9	100.0	100.0	100.0
饮用水水源地水质合格率	%	83.3	75.0	83.3	75.0	90.9	100.0	100.0	100.0	100.0	100.0
森林覆盖率	%	53.51	53.76	53.15	52.94	53.50	57.36	62.00	63.49	64.66	65.82
水土流失率	%	21.17	21.21	21.29	21.44	21.60	21.72	21.84	21.88	22.11	21.87
水流阻隔率	%	0.63	0.55	0.75	0.69	2.83	2.69	2.63	3.21	3.52	3.17
径流阻碍度	个/亿 m^3	0.05	0.07	0.05	0.07	0.04	0.04	0.04	0.04	0.04	0.05

表 5.2-6　　黔东南州指标数据

指　标	单位	2010年	2011年	2012年	2013年	2014年	2015年	2016年	2017年	2018年	2019年
降水量	mm	1085.9	859.3	1165.9	1218.7	1316.4	1648.1	1433.7	1304.7	1263.7	1389.3
人均水资源量	m^3	4309.47	3711.54	4490.74	4990.14	5987.84	7728.52	14313.11	5393.67	4470.38	5912.16
人均日生活用水量	L	80.30	82.50	84.68	81.33	82.72	84.11	86.27	85.72	86.04	87.16
万元 GDP 用水量	m^3	403.11	316.19	249.92	202.34	182.27	163.76	143.12	139.89	130.23	118.78
万元工业增加值用水量	m^3	213.29	136.48	129.28	137.39	139.70	143.51	139.43	143.08	102.47	130.29
水资源开发利用率	%	8.48	9.46	7.97	6.84	6.14	4.93	2.69	7.17	8.54	6.35
产水模数	万 m^3/km^2	48.95	42.26	51.24	57.07	68.64	88.79	164.82	62.50	52.08	69.22
农田灌溉亩均用水量	m^3	479.63	466.68	449.64	391.23	391.75	379.29	378.01	409.72	403.28	363.14
灌溉水有效利用系数		0.431	0.439	0.442	0.451	0.456	0.459	0.461	0.465	0.472	0.478
耗水量	亿 m^3	5.98	5.69	5.48	5.25	5.36	5.86	5.58	5.48	5.20	5.18
污水总排放量	亿 t	2.35	2.27	2.14	2.03	2.27	2.50	2.35	2.06	1.60	0.87
优良水质河长比例	%	72.7	76.8	78.6	80.3	81.7	81.7	93.5	97.8	98.5	99.8
水功能区水质达标率	%	72.1	68.5	71.3	70.6	72.7	100.0	100.0	100.0	100.0	100.0
饮用水水源地水质合格率	%	95.7	93.2	98.4	98.7	98.9	100.0	100.0	100.0	100.0	100.0
森林覆盖率	%	62.13	62.56	63.01	63.44	64.36	65.03	66.68	67.37	67.67	67.98
水土流失率	%	17.47	17.30	17.14	16.98	16.82	16.65	16.49	16.33	16.16	16.00
水流阻隔率	%	19.41	18.89	19.84	20.19	21.42	24.03	26.54	20.13	18.38	20.60
径流阻碍度	个/亿 m^3	0.41	0.48	0.39	0.35	0.29	0.23	0.12	0.32	0.39	0.29

表 5.2-7　　铜仁市指标数据

指　标	单位	2010 年	2011 年	2012 年	2013 年	2014 年	2015 年	2016 年	2017 年	2018 年	2019 年
降水量	mm	1238.8	905.1	1288.3	1052.6	1422.4	1039.4	1403.8	1194.3	1136.7	1248.0
人均水资源量	m^3	4150.11	2231.10	4196.65	3012.63	4744.26	3617.57	5958.23	4383.10	2984.63	4161.83
人均日生活用水量	L	72.56	75.61	77.03	80.32	81.76	85.99	82.87	95.46	96.83	97.10
万元 GDP 用水量	m^3	303.11	220.42	166.41	131.16	113.32	103.91	98.25	88.98	84.20	71.41
万元工业增加值用水量	m^3	132.94	110.69	89.33	123.91	103.68	120.21	114.92	94.38	94.23	80.01
水资源开发利用率	%	6.93	11.48	5.87	7.51	4.96	7.09	4.50	6.24	9.49	6.72
产水模数	万 m^3/km^2	71.38	38.17	72.13	51.94	82.13	62.74	103.94	76.86	52.53	73.71
农田灌溉亩均用水量	m^3	784.69	796.20	807.54	605.48	610.44	607.18	644.21	646.59	659.92	660.38
灌溉水有效利用系数		0.431	0.439	0.442	0.451	0.456	0.459	0.461	0.465	0.472	0.478
耗水量	亿 m^3	4.45	4.36	3.69	3.51	3.62	4.01	4.23	4.32	4.45	4.65
污水总排放量	亿 t	2.63	2.51	2.52	2.14	2.35	2.98	3.01	3.05	3.51	3.48
优良水质河长比例	%	26.1	31.9	59.5	55.8	69.5	51.3	82.1	67.5	95.4	93.8
水功能区水质达标率	%	73.5	77.9	75.6	78.3	80.5	81.1	82.1	83.5	86.7	92.3
饮用水水源地水质合格率	%	96.8	98.9	100.0	100.0	100.0	88.3	100.0	100.0	100.0	100.0
森林覆盖率	%	53.47	54.84	55.21	55.89	56.12	57.92	60.10	63.49	65.19	66.20
水土流失率	%	36.19	35.79	35.38	34.98	34.57	34.16	33.76	33.35	32.95	32.54
水流阻隔率	%	8.61	5.93	8.82	6.74	9.32	8.07	11.57	8.90	7.80	8.75
径流阻碍度	个/亿 m^3	0.19	0.35	0.18	0.26	0.16	0.21	0.13	0.17	0.25	0.18

表 5.2-8 毕节市指标数据

指　标	单位	2010年	2011年	2012年	2013年	2014年	2015年	2016年	2017年	2018年	2019年
降水量	mm	888.5	668.3	1019.0	845.2	1099.4	1030.8	1020.1	1034.2	1040.5	1120.7
人均水资源量	m^3	1963.12	1056.27	1900.65	1572.16	2192.69	1938.34	4167.39	2006.40	1922.54	2055.31
人均日生活用水量	L	72.07	94.80	68.45	77.35	80.42	75.89	77.55	80.22	77.86	82.42
万元GDP用水量	m^3	212.53	213.86	136.94	111.62	96.94	73.15	69.17	62.72	63.47	64.53
万元工业增加值用水量	m^3	277.80	292.83	203.21	149.71	137.36	92.92	83.09	75.28	73.50	75.15
水资源开发利用率	%	9.94	22.90	9.70	11.31	8.56	8.35	4.06	8.64	9.35	8.89
产水模数	万 m^3/km^2	47.85	25.65	46.18	38.28	53.41	47.69	103.08	49.76	47.87	51.39
农田灌溉亩均用水量	m^3	165.30	155.71	104.29	101.08	105.30	106.86	125.01	121.88	129.99	139.58
灌溉水有效利用系数		0.431	0.439	0.442	0.451	0.456	0.459	0.461	0.465	0.472	0.478
耗水量	亿 m^3	4.85	4.93	5.04	5.40	5.68	5.39	5.79	6.03	6.51	6.84
污水总排放量	亿 t	0.67	0.39	1.44	1.56	1.96	2.00	1.19	1.34	1.90	2.02
优良水质河长比例	%	57.1	73.2	97.9	91.8	91.1	97.3	98.3	99.0	99.1	97.0
水功能区水质达标率	%	78.2	74.3	75.0	84.2	71.4	81.0	95.2	89.5	90.2	90.4
饮用水水源地水质合格率	%	100.0	100.0	88.0	96.6	96.6	97.2	98.3	100.0	100.0	100.0
森林覆盖率	%	42.75	42.99	43.10	44.06	46.23	48.04	50.28	52.20	54.19	56.45
水土流失率	%	41.98	41.50	41.02	40.54	40.07	39.59	39.11	38.64	38.16	37.68
水流阻隔率	%	0.27	0.16	0.52	0.41	0.58	0.44	0.36	0.56	0.57	0.61
径流阻碍度	个/亿 m^3	0.00	0.00	0.00	0.00	0.00	0.00	0.00	0.00	0.00	0.00

表 5.2-9 六盘水市指标数据

指　标	单位	2010 年	2011 年	2012 年	2013 年	2014 年	2015 年	2016 年	2017 年	2018 年	2019 年
降水量	mm	1175.5	794.7	1219.6	1005.2	1450.2	1318.0	1231.0	1325.1	1267.5	1240.0
人均水资源量	m^3	1569.56	941.54	1823.05	1001.91	2169.22	1812.80	4495.17	1921.96	1489.94	1735.30
人均日生活用水量	L	106.95	140.31	112.01	105.42	110.05	110.85	111.41	115.82	119.14	122.45
万元 GDP 用水量	m^3	183.77	136.02	117.16	84.12	74.61	65.19	57.93	51.17	54.79	65.33
万元工业增加值用水量	m^3	184.15	154.36	135.15	92.83	82.18	70.42	57.86	52.28	63.60	74.57
水资源开发利用率	%	20.54	31.12	16.94	25.76	12.44	14.95	5.82	13.31	19.10	16.15
产水模数	万 m^3/km^2	55.76	33.40	64.88	35.85	77.73	65.13	162.46	69.87	54.41	63.66
农田灌溉亩均用水量	m^3	153.56	127.46	141.27	172.53	186.20	192.54	193.11	187.78	191.23	187.04
灌溉水有效利用系数		0.431	0.439	0.442	0.451	0.456	0.459	0.461	0.465	0.472	0.478
耗水量	亿 m^3	4.86	4.75	4.64	4.53	4.42	4.31	4.20	4.09	3.98	3.87
污水总排放量	亿 t	1.92	1.97	2.01	2.06	2.10	2.15	2.19	2.24	2.28	2.33
优良水质河长比例	%	23.6	23.2	76.5	91.8	99.0	100.0	77.9	98.3	78.2	82.9
水功能区水质达标率	%	78.9	80.4	81.2	82.9	83.2	85.3	86.1	87.2	88.6	92.3
饮用水水源地水质合格率	%	100.0	98.9	100.0	100.0	100.0	100.0	100.0	100.0	100.0	100.0
森林覆盖率	%	51.43	51.82	52.01	52.14	52.88	53.01	53.94	56.09	59.72	61.51
水土流失率	%	49.25	48.78	48.32	47.85	47.33	46.87	46.40	45.93	45.47	45.00
水流阻隔率	%	7.55	4.80	8.75	5.33	9.09	8.72	14.85	8.76	8.57	8.65
径流阻碍度	个/亿 m^3	0.00	0.00	0.00	0.00	0.00	0.00	0.00	0.00	0.00	0.00

表 5.2-10 黔西南州指标数据

指 标	单位	2010年	2011年	2012年	2013年	2014年	2015年	2016年	2017年	2018年	2019年
降水量	mm	1222.3	725.1	1063.4	937.6	1277.6	1394.4	1162.7	1387.6	1230.3	1288.1
人均水资源量	m^3	2779.04	1490.86	2849.23	2133.76	4117.44	3775.38	7416.36	3194.59	2545.28	3596.67
人均日生活用水量	L	65.38	69.06	83.18	71.35	79.03	82.53	71.67	65.92	107.29	91.32
万元GDP用水量	m^3	199.60	178.83	163.31	136.50	129.18	94.26	97.12	90.25	77.16	63.10
万元工业增加值用水量	m^3	215.70	192.03	171.15	137.76	124.32	99.60	92.15	70.92	64.66	65.90
水资源开发利用率	%	7.16	13.43	8.11	12.67	6.83	7.09	3.47	7.66	9.66	7.74
产水模数	万 m^3/km^2	54.75	30.58	52.94	35.84	69.14	63.39	139.44	65.13	55.31	61.77
农田灌溉亩均用水量	m^3	155.52	180.76	228.38	356.94	371.14	288.25	380.02	401.65	352.44	417.21
灌溉水有效利用系数		0.431	0.439	0.442	0.451	0.456	0.459	0.461	0.465	0.472	0.478
耗水量	亿 m^3	2.78	2.99	3.21	3.47	3.68	3.38	3.78	3.94	4.21	4.35
污水总排放量	亿 t	2.52	2.48	2.43	2.38	2.34	2.52	2.40	2.39	3.52	2.88
优良水质河长比例	%	90.2	91.4	90.9	89.4	92.4	93.2	95.9	99.9	100.0	100.0
水功能区水质达标率	%	82.1	83.3	83.3	83.3	83.3	75.0	100.0	100.0	100.0	100.0
饮用水水源地水质合格率	%	98.2	100.0	95.9	96.6	98.6	97.2	99.2	98.5	98.9	98.4
森林覆盖率	%	49.55	50.09	50.62	51.02	51.78	52.66	54.87	57.00	58.71	61.17
水土流失率	%	31.99	31.71	31.43	31.14	30.86	30.58	30.29	30.01	29.73	29.44
水流阻隔率	%	1.28	0.58	1.16	0.98	1.19	1.88	1.64	1.33	1.50	2.07
径流阻碍度	个/亿 m^3	0.40	0.72	0.42	0.61	0.32	0.35	0.16	0.34	0.40	0.36

表 5.2-11 评价指标标准值

指　标	单　位	标准值
降水量	mm	1200.0
人均水资源量	m^3	3000.0
人均日生活用水量	L	100
万元 GDP 用水量	m^3	140.0
万元工业增加值用水量	m^3	150.0
水资源开发利用率	%	40.0
产水模数	万 m^3/km^2	60.0
农田灌溉亩均用水量	m^3	250
灌溉水有效利用系数		0.445
耗水量	亿 m^3	5.0
污水总排放量	亿 t	3.0
优良水质河长比例	%	90.0
水功能区水质达标率	%	90.0
饮用水水源地水质合格率	%	90.0
森林覆盖率	%	50.0
水土流失率	%	25.0
水流阻隔率	%	15.0
径流阻碍度	个/亿 m^3	0.5

5.3 贵州省各地市水资源承载力评价结果

采用模糊综合评价的方法，对贵州省贵阳市、遵义市、安顺市、黔南州、黔东南州、铜仁市、毕节市、六盘水市、黔西南州进行水资源承载力评价。模糊综合评价法主要分为五步：①确定因素集；②确定评价集；③确定模糊综合评价矩阵；④模糊综合评价；⑤按最大贴近度原则确定评价等级。其中，模糊综合评价矩阵的确定需要先计算指标权重，然后再进行分析评价。

5.3.1 评价指标权重的确定

采用客观法中的熵值法来确定水资源承载力评价指标体系中各指标权重，各指标权重以及准则层权重见表 5.3-1。

表 5.3-1 水资源承载力评价指标体系中各指标权重以及准则层权重

目标层	准则层	权重	指标名称		权重
			名称	单位	
水资源承载力	社会经济方面	0.18	人口密度	人/km^2	0.21
			人均 GDP	元/人	0.79
	水量方面	0.56	人均水资源量	m^3/人	0.16
			供水模数	万 m^3/km^2	0.39
			地下水供水比例	%	0.25
			水资源利用率	%	0.09
			人均用水量	m^3/人	0.11
	水质方面	0.27	废水中 COD 排放量	万 t	0.13
			生态环境用水率	%	0.64
			水质状况		0.23

5.3.2 确定模糊评价矩阵

采用前文构建隶属度函数，递减型指标则采用相反的计算方法，以此来确定指标中各指标隶属度，以贵阳市为例，计算结果见表 5.3-2。

表 5.3-2 贵阳市水资源承载力评价指标体系各指标层隶属度表

贵阳市	1 级	2 级	3 级
人口密度	0.000	0.000	1.000
人均 GDP	1.000	0.000	0.000
人均水资源量	0.000	0.000	1.000
供水模数	0.330	0.670	0.000
地下水供水比例	0.000	0.000	1.000
水资源利用率	0.000	0.469	0.531
人均用水量	0.000	0.470	0.530
废水中 COD 排放量	0.000	0.000	1.000
生态环境用水率	0.095	0.905	0.000
水质状况	0.000	0.803	0.198

再按照与权重的乘积累加的原则计算各准则层隶属度，以贵阳市为例，结果见表 5.3-3。

最后，结合各准则层的权重，按乘积累加的方法计算出贵阳市的水资源承载力评价指标体系目标层隶属度，结果见表 5.3-4。

表 5.3-3　贵阳市水资源承载力评价指标体系各准则层隶属度表

贵阳市	1 级	2 级	3 级
社会经济	0.791	0.000	0.209
水量	0.128	0.356	0.515
水质	0.060	0.765	0.175

表 5.3-4　贵阳市水资源承载力评价指标体系目标层隶属度表

贵阳市	1 级	2 级	3 级
水资源承载力	0.228	0.402	0.370

结合最大贴近度原则，可以确定出贵阳市水资源承载力为 2 级，承载力水平属于“一般”。同样的，按照上述方法，可计算出其他行政区的水资源承载力隶属度表，结果见表 5.3-5。

表 5.3-5　贵州省水资源承载力隶属度表（2018 年）

行政分区	隶属度		
	1 级	2 级	3 级
贵阳市	0.23	0.40	0.37
遵义市	0.17	0.82	0.01
安顺市	0.25	0.71	0.04
黔南州	0.50	0.50	0.00
黔东南州	0.50	0.38	0.12
铜仁市	0.42	0.56	0.03
毕节市	0.00	0.84	0.16
六盘水市	0.10	0.66	0.24
黔西南州	0.50	0.50	0.00
全省	0.27	0.72	0.01

按照最大贴近度原则，可以确定出贵州省九个行政分区的水资源承载力等级，见表 5.3-6。

表 5.3-6　贵州省水资源承载力等级（2018 年）

项目	贵阳市	遵义市	安顺市	黔南州	黔东南州	铜仁市	毕节市	六盘水市	黔西南州	全省
承载能力	一般	一般	一般	强	强	一般	一般	一般	强	一般

5.3.3　综合评价

由表 5.3-6 可以看出，黔南州、黔东南州、黔西南州的水资源承载力等级属于1级，承载力水平为“强”，其他行政区的水资源承载力等级为2级，承载力水平为“一般”，全省的水资源承载力等级为2级，承载力水平为“一般”。

5.4 贵州省各地市水资源承载力变化研究

借用生态足迹的计算方法，对贵州省贵阳市、遵义市、安顺市、黔南州、黔东南州、铜仁市、毕节市、六盘水市、黔西南州，进行现状水平年（2018年）水资源足迹的计算和分析。第一步，分别计算出各个行政区2018年的水资源足迹和水资源承载力；第二步，结合水资源均衡因子和产量调整因子计算出调整后的人均水资源足迹和人均水资源承载力；第三步，使用面积加权法计算分析贵州省现状水平年（2018年）的水资源承载力。

面积加权法计算公式如下：

$$WF_h = \sum_{d=1}^{9} K_d \frac{F_d}{F} + \frac{1}{9}\sum_{d=1}^{9} K_d \frac{F - \sum_{d=1}^{9} F_d}{F} \tag{5.4-1}$$

式中：WF_h 为贵州省的人均水资源足迹，hm^2/人；d 为贵州省内的9个行政区序号；K_d 为各个行政区的人均水资源足迹，hm^2/人；F_d 为各个行政区在贵州省内的面积，km^2；F 为贵州省的总面积，km^2。

同样的，按上述面积加权公式的计算方法可分别计算出整个贵州省的水资源足迹和水资源承载力。

5.4.1 喀斯特地区水资源足迹和水资源承载力的计算

贵州省九个行政分区水资源足迹的计算，需要分别计算生活用水足迹、生产用水足迹和生态用水足迹，查询2018年贵州省水资源公报上所公示的数据，各行政区的水资源供给量和用水量见表5.4-1和表5.4-2。

表5.4-1 贵州省各行政区水资源供给明细表

项目	贵阳市	遵义市	安顺市	黔南州	黔东南州	铜仁市	毕节市	六盘水市	黔西南州	全省
地表水水资源量/亿 m^3	48.08	154.9	63.37	194.5	158	94.58	128.5	43.76	92.95	978.8
地下水水资源量/亿 m^3	13.36	40.44	13.65	36.83	45.25	26.67	41.7	12.75	22.01	252.7
重复计算量/亿 m^3	13.36	40.44	13.65	36.83	45.25	26.67	41.7	12.75	22.01	252.7
水资源总量/亿 m^3	48.08	154.9	63.37	194.5	158	94.58	128.5	43.76	92.95	978.7
产水模数/(万 m^3/km^2)	113.3	101.5	132.7	123.2	126.4	113.7	104.1	126.8	123	116.3

表 5.4-2　贵州省各行政区生活、生产、生态用水量明细表　单位：亿 m^3

项目	贵阳市	遵义市	安顺市	黔南州	黔东南州	铜仁市	毕节市	六盘水市	黔西南州	全省
生产用水	7.53	20.01	7.37	10.47	11.65	7.15	9.07	6.84	6.29	86.37
生活用水	3.44	3.69	1.14	1.82	1.78	1.76	2.94	1.45	1.49	19.49
生态用水	0.21	0.19	0.05	0.08	0.08	0.08	0.12	0.08	0.06	0.94
合计	11.18	23.89	8.56	12.37	13.51	8.99	12.13	8.37	7.84	106.8

根据水资源足迹的计算过程，2018 年贵州省九个行政分区水资源足迹计算明细表见表 5.4-3～表 5.4-11。

表 5.4-3　贵阳市水资源足迹计算结果表

需求				供给				
类型	需求面积/(hm^2/人)	均衡因子	均衡面积/(hm^2/人)	类型	需求面积/(hm^2/人)	均衡因子	产量因子	调整面积/(hm^2/人)
生产用水	0.0491	5.19	0.2549	地表水	0.3137	5.19	1.79	2.9133
生活用水	0.0224	5.19	0.1165	地下水	0.0871	5.19	1.79	0.8093
				重复值	0.0871	5.19	1.79	0.8093
				水资源总量	0.3137	5.19	1.79	2.9133
生态用水	0.0014	5.19	0.0071	扣除 60%用于维持生态环境				1.7480
水资源足迹	0.0729	5.19	0.3785	水资源承载力				1.1653

表 5.4-4　遵义市水资源足迹计算结果表

需求				供给				
类型	需求面积/(hm^2/人)	均衡因子	均衡面积/(hm^2/人)	类型	需求面积/(hm^2/人)	均衡因子	产量因子	调整面积/(hm^2/人)
生产用水	0.1305	5.19	0.6775	地表水	1.0102	5.19	1.78	9.3570
生活用水	0.0241	5.19	0.1249	地下水	0.2638	5.19	1.78	2.4433
				重复值	0.2638	5.19	1.78	2.4433
				水资源总量	1.0102	5.19	1.78	9.3570
生态用水	0.0012	5.19	0.0064	扣除 60%用于维持生态环境				5.6142
水资源足迹	0.1558	5.19	0.8088	水资源承载力				3.7428

表 5.4-5　　安顺市水资源足迹计算结果表

需求				供给				
类型	需求面积/(hm^2/人)	均衡因子	均衡面积/(hm^2/人)	类型	需求面积/(hm^2/人)	均衡因子	产量因子	调整面积/(hm^2/人)
生产用水	0.0481	5.19	0.2495	地表水	0.4134	5.19	2.14	4.5843
生活用水	0.0074	5.19	0.0386	地下水	0.0891	5.19	2.14	0.9875
				重复值	0.0891	5.19	2.14	0.9875
				水资源总量	0.4134	5.19	2.14	4.5843
生态用水	0.0003	5.19	0.0017	扣除60%用于维持生态环境				2.7506
水资源足迹	0.0558	5.19	0.2898	水资源承载力				1.8337

表 5.4-6　　黔南州水资源足迹计算结果表

需求				供给				
类型	需求面积/(hm^2/人)	均衡因子	均衡面积/(hm^2/人)	类型	需求面积/(hm^2/人)	均衡因子	产量因子	调整面积/(hm^2/人)
生产用水	0.0683	5.19	0.3545	地表水	1.2691	5.19	1.98	13.0167
生活用水	0.0119	5.19	0.0616	地下水	0.2403	5.19	1.98	2.4643
				重复值	0.2403	5.19	1.98	2.4643
				水资源总量	1.2691	5.19	1.98	13.0167
生态用水	0.0005	5.19	0.0027	扣除60%用于维持生态环境				7.8100
水资源足迹	0.0807	5.19	0.4188	水资源承载力				5.2067

表 5.4-7　　黔东南州水资源足迹计算结果表

需求				供给				
类型	需求面积/(hm^2/人)	均衡因子	均衡面积/(hm^2/人)	类型	需求面积/(hm^2/人)	均衡因子	产量因子	调整面积/(hm^2/人)
生产用水	0.0760	5.19	0.3944	地表水	1.0308	5.19	2.02	10.7867
生活用水	0.0116	5.19	0.0603	地下水	0.2952	5.19	2.02	3.0891
				重复值	0.2952	5.19	2.02	3.0891
				水资源总量	1.0308	5.19	2.02	10.7867
生态用水	0.0005	5.19	0.0027	扣除60%用于维持生态环境				6.4720
水资源足迹	0.0881	5.19	0.4574	水资源承载力				4.3147

表 5.4-8 铜仁市水资源足迹计算结果表

需求				供给				
类型	需求面积/(hm²/人)	均衡因子	均衡面积/(hm²/人)	类型	需求面积/(hm²/人)	均衡因子	产量因子	调整面积/(hm²/人)
生产用水	0.0466	5.19	0.2421	地表水	0.6170	5.19	2.22	7.1164
生活用水	0.0115	5.19	0.0596	地下水	0.1740	5.19	2.22	2.0065
				重复值	0.1740	5.19	2.22	2.0065
				水资源总量	0.6170	5.19	2.22	7.1164
生态用水	0.0005	5.19	0.0027	扣除60%用于维持生态环境				4.2698
水资源足迹	0.0586	5.19	0.3044	水资源承载力				2.8466

表 5.4-9 毕节市水资源足迹计算结果表

需求				供给				
类型	需求面积/(hm²/人)	均衡因子	均衡面积/(hm²/人)	类型	需求面积/(hm²/人)	均衡因子	产量因子	调整面积/(hm²/人)
生产用水	0.0592	5.19	0.3071	地表水	0.8386	5.19	1.59	6.9370
生活用水	0.0192	5.19	0.0995	地下水	0.2720	5.19	1.59	2.2504
				重复值	0.2720	5.19	1.59	2.2504
				水资源总量	0.8386	5.19	1.59	6.9370
生态用水	0.0008	5.19	0.0041	扣除60%用于维持生态环境				4.1622
水资源足迹	0.0791	5.19	0.4107	水资源承载力				2.7748

表 5.4-10 六盘水市水资源足迹计算结果表

需求				供给				
类型	需求面积/(hm²/人)	均衡因子	均衡面积/(hm²/人)	类型	需求面积/(hm²/人)	均衡因子	产量因子	调整面积/(hm²/人)
生产用水	0.0446	5.19	0.2316	地表水	0.2855	5.19	1.73	2.5618
生活用水	0.0095	5.19	0.0491	地下水	0.0832	5.19	1.73	0.7463
				重复值	0.0832	5.19	1.73	0.7463
				水资源总量	0.2855	5.19	1.73	2.5618
生态用水	0.0005	5.19	0.0027	扣除60%用于维持生态环境				1.5371
水资源足迹	0.0546	5.19	0.2834	水资源承载力				1.0247

表 5.4-11 黔西南州水资源足迹计算结果表

需求				供给				
类型	需求面积/(hm^2/人)	均衡因子	均衡面积/(hm^2/人)	类型	需求面积/(hm^2/人)	均衡因子	产量因子	调整面积/(hm^2/人)
生产用水	0.0410	5.19	0.2130	地表水	0.6063	5.19	2.16	6.7868
生活用水	0.0097	5.19	0.0504	地下水	0.1436	5.19	2.16	1.6074
				重复值	0.1436	5.19	2.16	1.6074
				水资源总量	0.6063	5.19	2.16	6.7868
生态用水	0.0004	5.19	0.0020	扣除60%用于维持生态环境				4.0721
水资源足迹	0.0511	5.19	0.2654	水资源承载力				2.7147

5.4.2 喀斯特地区水资源承载力状况分析

根据面积加权法计算贵州省的水资源承载力，并按下列公式计算水资源足迹指数，进而评价喀斯特地区的水资源承载力。

$$\text{水资源足迹指数}(WFI)=\frac{\text{水资源承载力}-\text{水资源足迹}}{\text{水资源承载力}} \tag{5.4-2}$$

定量评价水资源承载状况分析见表5.4-12。

表 5.4-12 水资源可持续利用状况分级

范围	$WFI<-1$	$-1\leqslant WFI<0$	$0\leqslant WFI<0.7$	$0.7\leqslant WFI<1$
可持续利用程度	严重不可持续	不可持续	可持续	较强可持续

利用生态足迹法的原理和计算方法，可将抽象的水资源承载力转换成可比较的土地面积，并用产量调整因子和均衡因子对不同地区的不同土地类型进行处理，使其均处于可比较状态。

生态足迹法的评价结果见表5.4-13。从结果上来看，贵州省九个行政分

表 5.4-13 贵州省各行政区水资源足迹指数计算结果表

项目分区	水资源足迹/(hm^2/人)	水资源承载力/(hm^2/人)	水资源盈余/赤字/(hm^2/人)	水资源足迹指数
贵阳市	0.379	1.165	0.787	0.675
遵义市	0.809	3.743	2.934	0.784
安顺市	0.290	1.834	1.544	0.842
黔南州	0.419	5.207	4.788	0.920
黔东南州	0.457	4.315	3.857	0.894
铜仁市	0.304	2.847	2.542	0.893

续表

项目分区	水资源足迹/(hm²/人)	水资源承载力/(hm²/人)	水资源盈余/赤字/(hm²/人)	水资源足迹指数
毕节市	0.411	2.775	2.364	0.852
六盘水市	0.283	1.025	0.741	0.723
黔西南州	0.265	2.715	2.449	0.902
全省	0.450	3.351	2.901	0.866

区均处于水资源盈余状态，且黔南州、黔东南州、黔西南州和铜仁市的水资源足迹指数较大，说明这些地区还有较大的可开发利用空间。而最低的贵阳市也有 0.787hm²/人的盈余空间，同时其水资源足迹指数为 0.675，也是属于可持续利用的范围。这说明贵州省整体的水资源开发利用率还比较低，从侧面反映出喀斯特地区水资源开发利用难度大，虽然有丰富的水资源却难以利用，因而工程性缺水比较严重。

5.5 贵州省各地市水资源荷载均衡评价

5.5.1 基于水量、水质的荷载均衡评价

水量、水质双要素（简称量质双要素）综合评价的主要步骤为：①确定单要素指标评价等级；②采用短板法确定水量和水质要素的评价等级；③采用风险矩阵法确定量质双要素的评价等级。

5.5.1.1 单要素指标评价

结合表 2.4-4 的单要素评价指标阈值，可以确定各个要素所在的评价等级，计算结果见表 5.5-1。

5.5.1.2 短板法和风险矩阵法综合评价

（1）由以上单要素评价结果，采用短板法确定水量和水质要素的评价结果，见表 5.5-2。

表 5.5-1　贵州省行政分区的单要素指标评价结果

指标名称	贵阳市	遵义市	安顺市	黔南州	黔东南州	铜仁市	毕节市	六盘水市	黔西南州	全省
人口密度/(人/km²)	超载	超载	超载	临界超载	临界超载	临界超载	超载	超载	临界超载	超载
人均 GDP/(元/人)	不超载	临界超载	临界超载	临界超载	超载	临界超载	超载	不超载	临界超载	临界超载

续表

指标名称	贵阳市	遵义市	安顺市	黔南州	黔东南州	铜仁市	毕节市	六盘水市	黔西南州	全省
人均水资源量/(m^3/人)	超载	临界超载	不超载	不超载	不超载	不超载	临界超载	超载	不超载	不超载
供水模数/(万 m^3/km^2)	临界超载	临界超载	临界超载	临界超载	临界超载	临界超载	临界超载	临界超载	临界超载	临界超载
地下水供水比例/%	超载	超载	超载	临界超载	临界超载	临界超载	超载	不超载	临界超载	超载
水资源利用率/%	临界超载	超载	超载	超载	超载	超载	超载	超载	超载	超载
人均用水量/(m^3/人)	超载	不超载	不超载	不超载	不超载	临界超载	超载	临界超载	临界超载	临界超载
废水中COD排放量/万 t	超载	超载	不超载	临界超载	临界超载	临界超载	超载	临界超载	临界超载	超载
生态环境用水率/%	临界超载	不超载	不超载	不超载	不超载	不超载	不超载	不超载	不超载	不超载
水质状况	超载	超载	不超载	不超载	不超载	超载	不超载	超载	不超载	不超载

表 5.5-2　　短板法评价水量和水质要素

要素	贵阳市	遵义市	安顺市	黔南州	黔东南州	铜仁市	毕节市	六盘水市	黔西南州	全省
水量	超载	超载	超载	临界超载	临界超载	临界超载	超载	临界超载	临界超载	临界超载
水质	超载	超载	不超载	临界超载	临界超载	超载	超载	超载	不超载	临界超载

(2) 利用的风险评估矩阵，可确定出量质双要素的综合评价结果，结果见表 5.5-3。

表 5.5-3　　风险矩阵法综合评价

要素	贵阳市	遵义市	安顺市	黔南州	黔东南州	铜仁市	毕节市	六盘水市	黔西南州	全省
水资源承载力	超载	超载	超载	临界超载	临界超载	超载	超载	超载	临界超载	临界超载

由以上分析可以确定，黔南州、黔西南州、黔东南州的水资源状况较好，其他行政区的水质要素大部分处于超载状况，说明喀斯特地区的水质状况不太理想；除了部分行政区外，大部分地级市的水量承载力均处于临界超载状态，说明喀斯特地区的水量资源较为丰富。因此，对喀斯特地区的开发利用，

应重点关注水质方面的问题。

5.5.1.3 评价结果分析

1. 模糊综合评价和量质双要素评价对比

以超载为 3 级（弱），临界超载为 2 级（一般），不超载为 1 级（强），综合对比分析两种评价方法的计算结果（见表 5.5-4）。

表 5.5-4 定性分析结果对比表

评价方法	贵阳市	遵义市	安顺市	黔南州	黔东南州	铜仁市	毕节市	六盘水市	黔西南州	全省
模糊综合分析	一般	一般	一般	强	强	一般	一般	一般	强	一般
量质双要素	弱	弱	弱	一般	一般	弱	弱	弱	一般	一般

从模糊综合评价法和量质双要素综合评价法的结果来看，黔南州、黔东南州、黔西南州均处于水资源承载力比较好的状态。这两种结果都是在贵州省内进行评价，因而结果均为相对值，经比较可以看出：黔南州、黔东南州、黔西南州的水资源承载力属于较好水平。

量质双要素评价由于使用了短板法进行评价，各个结果都以最差的情况表示出来，因此，其评价结果均低于模糊综合分析的评价结果。

2. 不同承载状况之间的比较

由表 5.5-4 可知，水资源承载状况较好的有黔南州、黔东南州、黔西南州，其他行政区（贵阳市、遵义市、安顺市、铜仁市、毕节市、六盘水市）的水资源承载状况属于一般。从各项指标的指标值评价结果来看（表 5.5-2），承载力“一般”的行政区大部分是因为水质方面的承载力水平较差而导致整体承载力较差，除了贵阳市、遵义市和毕节市的水量方面的问题比较严重，其他市的水质问题相对于水量而言要差一些。

3. 同一承载状况的比较

对于相同的承载状况，不同的行政区之间的承载力还是有所差别的。黔南州、黔东南州、黔西南州的综合评价虽然均为 1 级，但从各级隶属度的可能性来看，黔东南州还有 0.12 的可能性为 3 级，这主要是因为其水资源利用率比较低，因此，其存在评价结果为“弱”的可能性。而贵阳市、遵义市、安顺市、铜仁市、毕节市、六盘水市，这些行政区综合评价均为 2 级。其中，主要的区别在于水量方面，有些行政区水量方面的综合评价为 1 级，有些为 2 级，还有些为 3 级。水质方面，均为 2 级。

5.5.2 基于“量、质、域、流”荷载均衡评价

5.5.2.1 模糊综合评价

各行政区对五个等级的隶属度结果见图 5.5-1，贵州省整体评价为Ⅲ

级，说明区域水资源开发利用程度达到临界点，在一定程度上可以保证供需平衡，维持水资源的可持续发展。九个行政区中，大部分地区对Ⅲ级的隶属度最高，其余地区则为Ⅰ级或Ⅱ级。从等级上看，黔南州、黔东南州对Ⅰ级的隶属度较高，其次为安顺市，说明这些地区的喀斯特水资源承载力相对较高；毕节市对Ⅴ级的隶属度最高，说明该地区的喀斯特水资源承载力相对较差。

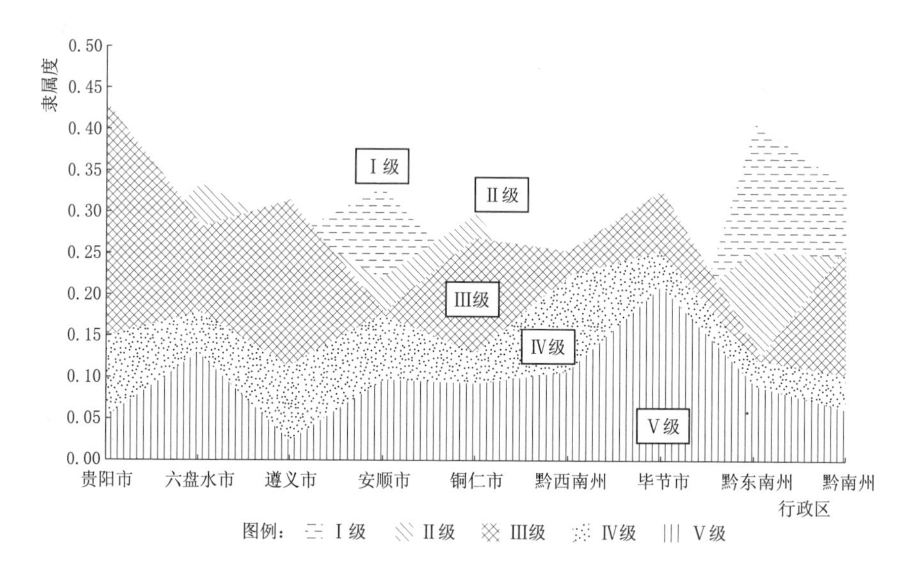

图 5.5-1 模糊综合评价的隶属度

5.5.2.2 物元可拓法

各行政区对五个等级的关联度结果见图 5.5-2，贵州省整体评价为Ⅲ级，说明区域水资源在一定程度上可以保证供需平衡，维持可持续发展。九个行政区中，大部分地区对Ⅲ级的关联度最高，其余地区则为Ⅱ级。从等级上看，黔南州、黔东南州对Ⅰ级的关联度较高，其次为遵义市，说明这些地区的喀斯特水资源承载力相对较高；毕节市对Ⅴ级的关联度最高，对Ⅰ级的最低，说明该地区的喀斯特水资源承载力相对较差。

5.5.2.3 正态云模型

各行政区对五个等级的隶属度结果见图 5.5-3，贵州省整体评价为Ⅲ级，说明区域水资源可保持供需平衡，维持可持续发展。九个行政区中，大部分地区对Ⅲ级的隶属度最高，其余地区则为Ⅰ级或Ⅱ级。从等级上看，黔东南州对Ⅰ级的隶属度较高，其次为黔南州，说明这些地区的喀斯特水资源承载力相对较高；毕节市对Ⅴ级的隶属度最高，说明该地区的喀斯特水资源承载

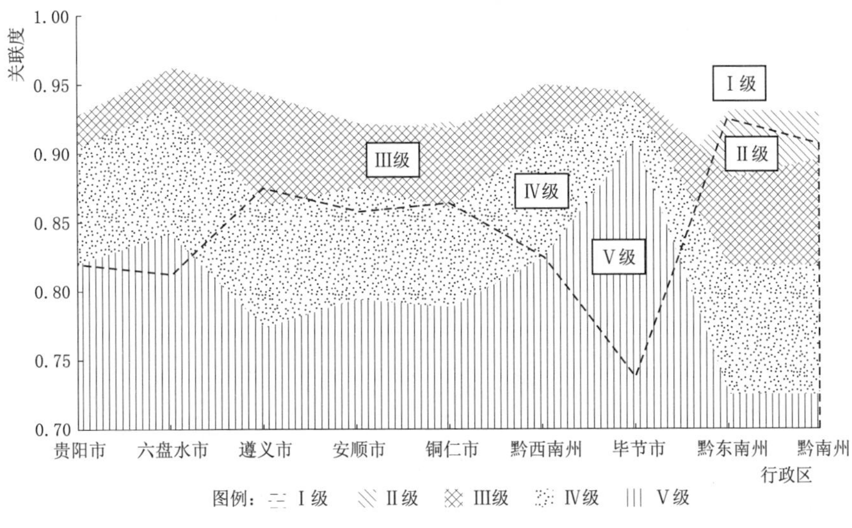

图 5.5-2　物元可拓评价的关联度

力相对较差。

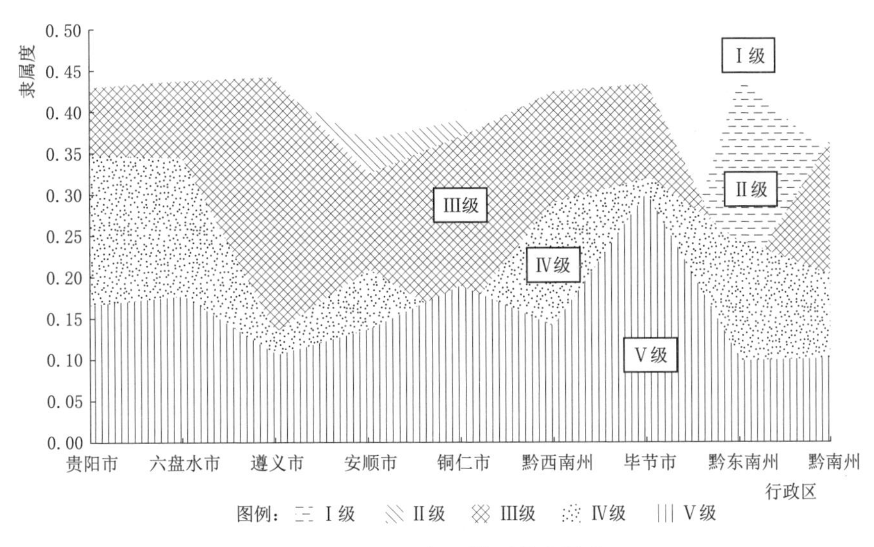

图 5.5-3　正态云模型的隶属度

5.5.2.4　集对分析评价

各行政区对五个等级的联系度结果见图 5.5-4，贵州省整体评价为Ⅲ级，说明区域水资源可保持供需平衡，维持可持续发展。九个行政区中，大部分地区对Ⅲ级的联系度最高，其余地区则为Ⅰ级。从等级上看，黔东南州对Ⅰ级的联系度较高，其次为黔南州和安顺市，说明这些地区的喀斯特水资源承载力相对较高；毕

节市对Ⅴ级的联系度最高，说明该地区的喀斯特水资源承载力相对较差。

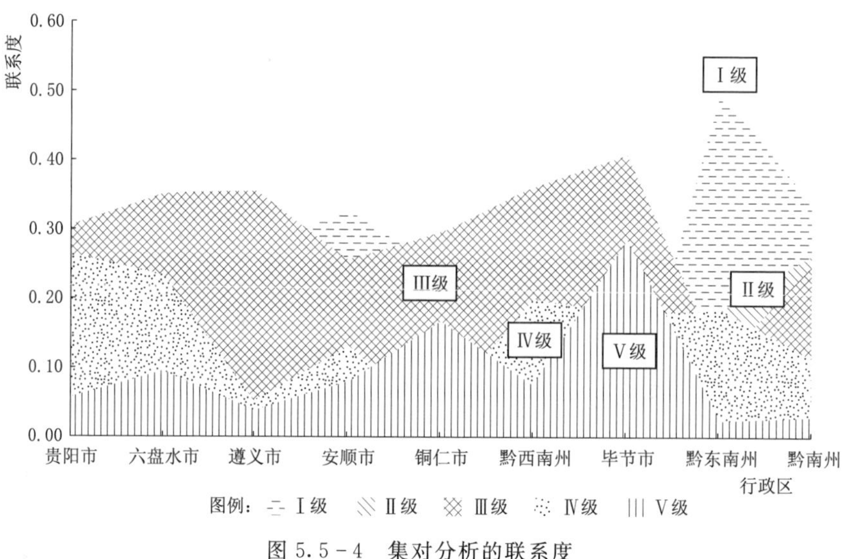

图 5.5-4　集对分析的联系度

5.5.2.5　综合评价结果

四种评价方法对各行政区的级别变量特征值 j^* 的结果如图 5.5-5 所示，从整体趋势上看，四种方法的评价结果基本一致，均表现为黔东南州级别变量特征值最低，即水资源承载力最高；毕节市级别变量特征值最高，即水资源承载力最低。级别变量特征值在 2.5 以下的行政区有黔西南州、黔南州和遵义市，这些地区的水资源承载力处于较高水平；在 3.0 以上的行政区有毕节市和六盘水市，这些地区的水资源承载力则处于较低水平。

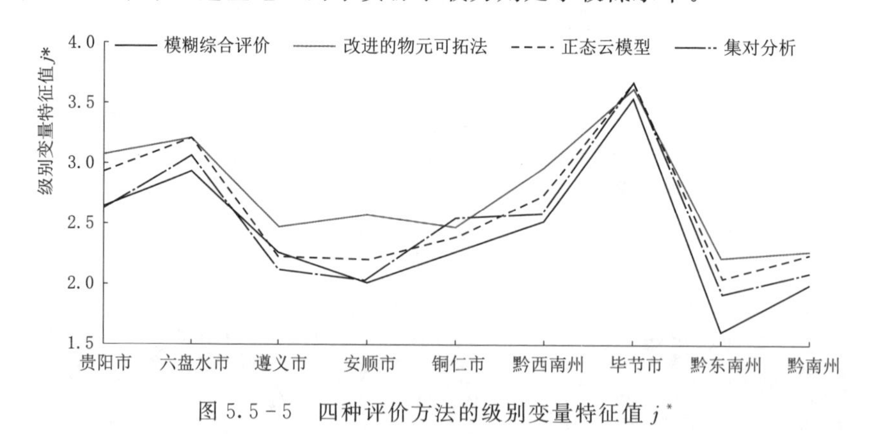

图 5.5-5　四种评价方法的级别变量特征值 j^*

四种方法的差异主要体现在物元可拓法对安顺市的评价以及集对分析对铜仁市的评价结果上。物元可拓法的特征值 j^* 整体上偏高，且改进后的物元可拓法对指标进行了标准化，相当于增大了指标最大值的权重，而大部分指标的最大值属于Ⅴ级，因而其整体偏高。而安顺市由于同时具有四个指标的最大值、三个指标的次大值（即第二大的指标值），因而，其评价结果偏高。集对分析评价更偏向于考虑指标值所在等级附近的联系度，如若指标值属于Ⅲ级，则其对Ⅰ级和Ⅴ级的联系度很低，因此，其值对中间型的指标值（属于Ⅱ、Ⅲ、Ⅳ级）更为敏感，且由于级别变量特征值放大了五个等级联系度之间的差异，中间等级（Ⅱ、Ⅲ、Ⅳ级）的联系度较高的地区会出现特征值 j^* 增大的现象。而铜仁市由于对Ⅱ、Ⅲ的联系度最高，因此其级别变量特征值偏高。

从四种评价方法上看，改进的物元可拓法的特征值较大；模糊综合评价的特征值较小；集对分析评价和正态云模型的特征值则位于二者之间，具有较好地均衡性。但由于集对分析评价对中间型指标的评价有一定的局限性，因此在四种评价方法中，正态云模型的评价结果具有更好地代表性。从正态云模型计算方法来看，其采用概率分布的思想来确定指标对各个等级区间的隶属度，并运用大量随机数进行模拟，因而结果也更为准确。

5.5.3 贵州省各地市水资源均衡度分析

5.5.3.1 单元均衡度评分结果

为了衡量贵州省各市州单元内部的水资源荷载均衡状况，以表征“量质域流”的18项指标为依据计算出单元均衡度，其年际变化情况见图5.5-6。

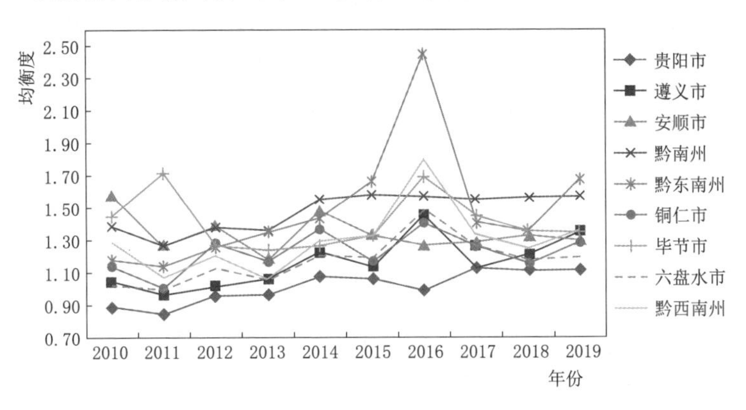

图5.5-6 贵州省各市州单元均衡度年际变化图

结合表5.5-1可以看出，2010—2019年间贵州省各市州水资源基本处于可承载及以上水平，仅贵阳市在2010年和2011年处于轻微超载状态。空间层面上，贵阳市由于人口较多、地区生产总值较大，同时年均水资源量在贵州省常年处于末位，导致水资源开发利用率常年处于较高水平，区域水资源负荷偶尔超载，水资源承载力最弱，应多加控制社会经济发展规模、限制人口增长；黔南州除 2011 年外水资源承载力水平都处于承载潜力大及以上，水质水量承载能力巨大，水资源承载力最强，可开发潜力最大；其他城市基本处于荷载均衡和可承载水平，可适当分担贵阳市的部分负荷。时间尺度上，贵阳市、黔南州、黔东南州三市水资源承载力始终保持增长势头，其中黔东南州增长幅度最大，十年间承载力提升幅度达 40%；而贵阳市则是逐渐从轻度超载上升到可承载状态，为未来社会经济发展留存了一定的承载潜力。其他地级市单元均衡度均在一定范围内上下波动。

5.5.3.2　系统动力学历史检验结果

依据现状年 2010—2016 年指标数据进行历史检验，率定期 7 年、检验期 3 年，贵州省各市州检验结果见表 5.5-5。

由于 2010—2015 年间各市州发展较为迅速，2016—2019 年内速度有所放缓，将误差 10%作为模拟评价合格与否的标准。从表 5.5-5 结果来看，各市州模型均符合要求，可以进行代际均衡的预测计算。

表 5.5-5　　　供需水量模型主要指标误差检验表

地区	年份	工业GDP/亿元	预测值/亿元	误差/%	万元工业GDP用水量/m^3	预测值/m^3	误差/%	人口/万人	预测值/万人	误差/%
贵阳市	2017	872.5	830.6	−4.81	45.79	47.09	2.84	480.20	479.02	−0.25
	2018	874.9	854.7	−2.31	45.72	45.41	−0.66	488.19	485.72	−0.51
	2019	869.0	872.6	0.42	44.74	44.23	−1.13	497.14	492.44	−0.95
遵义市	2017	1016.0	1113.0	9.57	32.57	30.59	−6.10	624.83	630.95	0.98
	2018	1110.0	1199.0	8.01	30.70	28.50	−7.15	627.07	632.85	0.92
	2019	1417.0	1275.0	−10.04	24.97	26.87	7.60	630.20	634.62	0.70
安顺市	2017	159.6	155.8	−2.38	105.90	111.10	4.93	234.40	236.66	0.95
	2018	172.2	174.3	1.23	109.20	100.50	−7.96	235.30	237.38	0.88
	2019	203.7	193.3	−5.09	89.48	91.20	1.92	236.40	238.04	0.71
黔南州	2017	306.4	310.6	1.37	72.76	71.16	−2.20	327.11	326.04	−0.33
	2018	343.7	356.4	3.70	63.13	61.21	−3.04	329.21	326.94	−0.69
	2019	429.0	408.3	−4.82	49.41	52.74	6.75	329.67	327.83	−0.56
黔东南州	2017	141.8	135.1	−4.73	143.00	131.00	−8.38	351.56	354.51	0.84
	2018	142.4	142.2	−0.14	130.20	125.40	−3.72	353.46	355.58	0.60
	2019	139.6	148.3	6.19	118.20	120.50	1.96	355.20	356.57	0.39
铜仁市	2017	196.0	186.9	−4.61	94.38	88.78	−5.94	315.69	318.55	0.9
	2018	204.8	203.3	−0.74	94.23	84.75	−10.06	316.88	319.51	0.83
	2019	216.2	218.2	0.91	80.01	81.10	1.36	318.85	320.40	0.49

续表

地区	年份	工业GDP/亿元	预测值/亿元	误差/%	万元工业GDP用水量/m³	预测值/m³	误差/%	人口/万人	预测值/万人	误差/%
毕节市	2017	545.9	530.6	−2.81	75.28	82.15	9.12	665.97	669.54	0.54
	2018	547.8	543.8	−0.73	73.50	74.37	1.18	668.61	670.61	0.30
	2019	549.5	553.3	0.69	75.15	68.45	−8.92	671.43	671.52	0.01
六盘水市	2017	617.8	604.7	−2.13	54.28	57.89	6.66	292.41	293.65	0.42
	2018	621.0	619.4	−0.27	48.60	49.76	2.40	293.73	294.53	0.27
	2019	622.2	630.1	1.27	44.57	42.91	−3.72	295.05	295.36	0.10
黔西南州	2017	286.2	283.2	−1.06	70.92	77.74	9.62	342.61	360.36	5.18
	2018	325.8	314.3	−3.51	64.66	68.02	5.20	365.17	363.61	−0.43
	2019	330.1	348.5	5.60	65.90	59.69	−9.42	388.60	366.66	−5.65

5.5.3.3 代际均衡度评价结果

运用 Vensim 软件构建系统动力学模型，历史检验合格后，将研究时段延长至 2030 年，主要指标模拟值见表 5.5-6～表 5.5-14。

表 5.5-6　　贵阳市水量供需关系模型主要变量模拟值

变量名称	2020 年	2025 年	2030 年
工业 GDP/亿元	885.84	913.87	919.41
人口/万人	502.43	541.26	583.09
总用水量/亿 m³	8.85	8.89	8.97
用水量红线/亿 m³	15.26	16.11	16.95
水量富余程度/%	72.39	81.21	88.86

表 5.5-7　　遵义市水量供需关系模型主要变量模拟值

变量名称	2020 年	2025 年	2030 年
工业 GDP/亿元	1338.90	1538.81	1616.09
人口/万人	636.27	642.99	647.71
总用水量/亿 m³	8.46	9.15	9.96
用水量红线/亿 m³	26.47	27.00	27.52
水量富余程度/%	212.79	195.10	176.31

表 5.5-8　　安顺市水量供需关系模型主要变量模拟值

变量名称	2020 年	2025 年	2030 年
工业 GDP/亿元	252.22	348.19	431.65
人口/万人	237.01	238.31	239.00

续表

变量名称	2020年	2025年	2030年
总用水量/亿 m^3	7.73	8.64	9.73
用水量红线/亿 m^3	9.43	9.79	10.15
水量富余程度/%	22.04	13.33	4.29

表 5.5-9　黔南州水量供需关系模型主要变量模拟值

变量名称	2020年	2025年	2030年
工业 GDP/亿元	467.33	900.05	1681.87
人口/万人	336.71	341.21	345.55
总用水量/亿 m^3	12.36	13.68	15.24
用水量红线/亿 m^3	14.65	15.04	15.42
水量富余程度/%	18.49	9.87	1.21

表 5.5-10　黔东南州水量供需关系模型主要变量模拟值

变量名称	2020年	2025年	2030年
工业 GDP/亿元	153.46	168.74	174.45
人口/万人	357.50	361.28	363.93
总用水量/亿 m^3	12.82	13.19	13.56
用水量红线/亿 m^3	15.34	15.69	16.03
水量富余程度/%	19.61	18.88	18.20

表 5.5-11　铜仁市水量供需关系模型主要变量模拟值

变量名称	2020年	2025年	2030年
工业 GDP/亿元	231.86	278.87	301.51
人口/万人	319.71	323.19	325.91
总用水量/亿 m^3	8.38	8.58	8.68
用水量红线/亿 m^3	12.06	12.31	12.55
水量富余程度/%	43.97	43.36	44.66

表 5.5-12　毕节市水量供需关系模型主要变量模拟值

变量名称	2020年	2025年	2030年
工业 GDP/亿元	559.77	573.18	575.47
人口/万人	672.30	674.76	675.85
总用水量/亿 m^3	10.32	10.78	11.36
用水量红线/亿 m^3	17.74	18.36	18.97
水量富余程度/%	71.84	70.22	67.02

表 5.5-13 六盘水市水量供需关系模型主要变量模拟值

变量名称	2020 年	2025 年	2030 年
工业 GDP/亿元	637.19	652.99	655.89
人口/万人	296.13	299.25	301.45
总用水量/亿 m^3	6.21	6.39	7.75
用水量红线/亿 m^3	11.56	12.14	12.71
水量富余程度/%	86.26	89.83	63.92

表 5.5-14 黔西南州水量供需关系模型主要变量模拟值

变量名称	2020 年	2025 年	2030 年
工业 GDP/亿元	386.17	635.05	1020.32
人口/万人	369.52	381.33	389.78
总用水量/亿 m^3	9.10	11.70	15.66
用水量红线/亿 m^3	11.88	12.46	13.03
水量富余程度/%	30.48	6.45	−16.81

本书所采用的四维评价指标体系中，水质达标率、森林覆盖率、水土流失率等指标值必定会随着社会和人民的重视而逐渐优化，从而导致这些指标所表征的水资源承载力在未来有所提升，即代际均衡度有所提升。相较于生态环境指标，水量指标有着较大的不确定性，随着社会进步甚至会朝着降低水资源承载力的方向发展，因此在代际均衡的计算中主要考虑需水量与可供水量的均衡状况。以水量富余程度为表征指标，基于历史阶段和现阶段各市州水资源单元较为均衡的结果，若水量富余程度大于50%，则未来水资源均衡状况不会退化，称代际间可承载；若水量富余程度介于0～50%之间，称代际间均衡；若水量富余程度为负值，则会出现供水不足的情况，称代际间不均衡。

从表5.5-6～表5.5-14中可以看出，以当前经济发展水平和人口增长速率持续到2030年，贵阳市、遵义市、铜仁市、毕节市、六盘水市用水量相较于用水量控制红线仍有大量富余，代际可承载，在科技水平和其他资源允许的情况下，可以适当加快经济发展，或是通过工程手段将富余的水资源借调给其他地区使用；而安顺市、黔南州和黔东南州已经接近用水量上限，代际间均衡，但从更长远的视角来看仍需要控制总用水量；黔西南州将出现突破界限的情况，缺水程度达16.81%，代际间水资源不均衡，如果不控制发展速度，将会对生态系统造成危害。

5.5.3.4 极限承载力计算结果

表5.5-15列出了系统动力学模拟关于万元GDP用水量指标的历史检验以及2030年预测值。表5.5-16列出了代入模拟得到的万元GDP用水量、人均GDP值之后计算出的水资源极限承载GDP和人口，可见随着科技进步，万元GDP用水量降低到一定水平后，各市（州）都还有很大的发展潜力。但极限GDP和人口值都显得过大，甚至达到了超大城市的水平，初步猜测其原因是贵州省各市（州）水量负荷并不重，水资源富余程度高，而本极限值预测计算的主要变量就是水资源量，不含水质以及其他资源的限制，因此随着单位经济用水量的降低，将会进一步放大水资源的极限承载力。

表5.5-17则是将用水量红线作为水资源可使用量的上限，进一步计算得出更为贴近现实的极限承载力，希望能为城市经济发展规划提供指导。

表5.5-15 贵州省各市（州）万元GDP用水量指标历史检验以及2030年预测值

地　区	年份	万元GDP用水量/m^3	预测值/m^3	误差/%
贵阳市	2017	30.441	32.8	7.59
	2018	29.380	30.3	3.13
	2019	28.344	28.3	−0.06
	2030	—	20	—
遵义市	2017	85.098	78.3	−8.00
	2018	79.594	76.7	−3.61
	2019	70.480	75.7	7.39
	2030	—	73.7	—
安顺市	2017	98.485	107	8.76
	2018	96.056	97.3	1.27
	2019	94.890	88.6	−6.61
	2030	—	67.9	—
黔南州	2017	103.570	104	0.61
	2018	94.197	91.8	−2.50
	2019	82.080	81.4	−0.78
	2030	—	30	—
黔东南州	2017	139.890	137.0	−1.86
	2018	130.230	127.0	−2.17
	2019	118.780	120.0	0.65
	2030	—	74.3	—

续表

地　区	年份	万元 GDP 用水量/m^3	预测值/m^3	误差/%
铜仁市	2017	88.982	85.8	−3.60
	2018	84.199	79.9	−5.06
	2019	71.410	75.5	5.71
	2030	—	50.0	—
毕节市	2017	62.717	66.9	6.70
	2018	63.467	64.5	1.69
	2019	64.530	63.0	−2.41
	2030	—	54.4	—
六盘水市	2017	61.170	66.6	8.91
	2018	64.790	64.1	−1.09
	2019	65.330	62.2	−4.73
	2030	—	57.0	—
黔西南州	2017	90.249	83.9	−7.02
	2018	77.163	76.0	−1.51
	2019	63.100	69.2	9.65
	2030	—	41.2	—

表 5.5-16　　基于多年平均年径流量的极限水资源承载力

地　区	万元 GDP 用水量/m^3	多年平均年径流量/亿 m^3	极限 GDP/亿元	人均 GDP/元	极限人口/万人
贵阳市	20.00	45.15	22573.50	156418.43	1673.612
遵义市	73.67	172.40	23401.41	101059.52	2315.607
安顺市	67.94	62.10	9140.69	77061.78	1186.151
黔南州	29.96	162.60	54275.75	90579.28	5992.071
黔东南州	74.33	192.10	25843.02	61447.96	4205.675
铜仁市	50.01	124.10	24813.44	73217.22	3389.016
毕节市	54.41	134.40	24699.66	56722.13	4354.501
六盘水市	57.01	68.34	11987.62	93520.24	1281.821
黔西南州	41.23	106.00	25708.28	63816.02	4028.505

表 5.5-17　　基于用水量控制红线的极限水资源承载力

地　区	万元 GDP 用水量/m^3	用水量控制红线/亿 m^3	极限 GDP/亿元	人均 GDP/元	极限人口/万人
贵阳市	20.00	16.95	8474.44	134879.12	628.29
遵义市	73.67	27.52	3735.54	101059.51	369.63
安顺市	67.94	10.15	1494.01	77061.78	193.87

续表

地　区	万元GDP用水量/m^3	用水量控制红线/亿 m^3	极限GDP/亿元	人均GDP/元	极限人口/万人
黔南州	29.96	15.42	5147.18	90579.28	568.25
黔东南州	74.33	16.03	2156.50	61447.96	350.94
铜仁市	50.01	12.55	2509.34	73217.22	342.72
毕节市	54.41	18.97	3486.25	56722.13	614.61
六盘水市	57.01	12.71	2229.48	93520.24	238.39
黔西南州	41.23	13.03	3160.18	63816.02	495.20

5.5.4 贵州省代表性流域水资源开发阈值分析

5.5.4.1 系统动力学模型仿真模拟

本书通过前十年的人口增长趋势和经济发展规模增速趋势，估计2021—2030年的人口增长率、城镇化速率、GDP增长率、三产产值增长率、地表水资源量等相关参数，对六冲河流域和濞阳河流域水资源承载力系统进行模拟仿真，2021—2030年水资源承载系统和负荷系统各指标预测值见表5.5-18～表5.5-21。

表5.5-18　六冲河流域负荷系统预测值

年份	常住人口/万人	GDP/亿元	用水总量/亿 m^3	生产用水/亿 m^3	生活用水/亿 m^3
2021	472.03	769.28	7.699	5.687	1.924
2022	474.14	804.66	7.627	5.586	1.953
2023	476.05	840.87	7.712	5.642	1.981
2024	478.06	880.39	7.678	5.574	2.013
2025	480.11	922.65	7.946	5.815	2.040
2026	482.34	968.78	8.135	5.955	2.089
2027	484.50	1018.19	8.312	6.090	2.129
2028	486.36	1072.16	8.428	6.171	2.164
2029	488.10	1131.13	8.566	6.291	2.180
2030	489.45	1194.47	8.553	6.228	2.229

表5.5-19　六冲河流域承载系统预测值

年份	可利用水量/亿 m^3	再生水利用量/亿 m^3	CI指数	承载人口/万人
2021	28.58	0.429	0.269	1832.71
2022	28.99	0.453	0.263	1804.84
2023	28.24	0.470	0.273	1779.54

续表

年份	可利用水量/亿 m^3	再生水利用量/亿 m^3	CI 指数	承载人口/万人
2024	28.56	0.486	0.269	1761.60
2025	29.06	0.526	0.273	1764.30
2026	28.71	0.560	0.283	1787.73
2027	28.35	0.582	0.293	1810.62
2028	28.76	0.605	0.293	1793.36
2029	29.16	0.624	0.294	1814.79
2030	28.80	0.645	0.297	1838.13

表 5.5-20　　　　潕阳河流域负荷系统预测值

年份	常住人口/万人	GDP/亿元	用水总量/亿 m^3	生产用水/亿 m^3	生活用水/亿 m^3
2021	189.74	769.28	5.80	4.77	0.77
2022	191.00	804.66	5.93	4.88	0.79
2023	191.85	840.87	6.05	4.98	0.81
2024	192.78	880.39	6.15	5.07	0.82
2025	193.67	922.65	6.18	5.08	0.83
2026	194.53	968.78	6.13	5.02	0.84
2027	195.23	1018.19	6.08	4.96	0.85
2028	196.01	1072.16	6.17	5.03	0.87
2029	196.99	1131.13	6.13	4.98	0.89
2030	197.83	1194.47	6.09	4.91	0.91

表 5.5-21　　　　潕阳河流域承载系统预测值

年份	可利用水量/亿 m^3	再生水利用量/亿 m^3	CI 指数	承载人口/万人
2021	55.99	0.16	0.104	1832.71
2022	56.05	0.17	0.106	1804.84
2023	56.16	0.18	0.108	1779.54
2024	56.22	0.19	0.109	1761.60
2025	56.28	0.20	0.110	1764.30
2026	56.34	0.21	0.109	1787.73
2027	56.39	0.21	0.108	1810.62
2028	56.45	0.22	0.109	1793.36
2029	56.50	0.22	0.109	1814.79
2030	56.56	0.23	0.108	1838.13

5.5.4.2 灵敏性分析

根据所建立的贵州省水资源承载力评价指标体系和建立的六冲河流域和㵲阳河流域水资源承载力模拟系统动力学模型，选取一些指标作为变量进行灵敏度分析。首先，确定选取的变量是否具有可调控性（见表5.2-22），然后对选取的参数变量进行灵敏度分析，可进一步识别贵州省六冲河流域和㵲阳河流域水资源承载力荷载系统的主要影响因子，为贵州省水资源可持续利用提供理论依据。

表5.5-22 主要指标可调控性情况

表征指标	评价指标	可调控性
区域可利用水量	再生水可利用量	可调控
	地表水资源量	不可调
	地下水资源量	不可调
	河道生态流量	不可调
	汛期弃水	可调控
用水量	万元工业增加值用水量	可调控
	万元农业产值用水量	可调控
	第三产业万元产值用水量	可调控
	城镇居民生活用水定额	可调控
	农村居民生活用水定额	可调控
	生态环境用水	可调控

灵敏度分析是研究与分析一个系统或模型的状态或输出变化对系统参数或周围条件变化的敏感程度的方法。本书中，分别将系统中再生水利用量、汛期弃水量、万元工业增加值用水量、万元农业产值用水量、第三产业万元产值用水量、城镇居民生活用水定额、农村居民生活用水定额、生态环境用水量扩大10%，研究区域总用水量、可利用水量以及区域可承载人口的变化，计算灵敏度。

灵敏度计算如下：

$$L_Q=\left|\frac{\Delta Q_t}{Q_t}\times\frac{X_t}{\Delta X_t}\right| \tag{5.5-1}$$

式中：L_Q 为各个参数对表征指标的灵敏度；Q_t 为表征指标 Q 在 t 时刻的模拟值；X_t 为参数在 t 时刻的值；ΔQ_t 和 ΔX_t 为影响变量 Q 和 X 在 t 时间段内的变化值。

最后，算出十年的灵敏度平均值，结果见表5.5-23和表5.5-24。

表 5.5-23 濞阳河流域灵敏度分析结果

变量代号	变　量	用水量	可利用水量	可承载人口
C1	再生水可利用量	0	0.00558	0.00402
C2	汛期弃水	0	3.024	3.128
C3	万元工业增加值用水量	0.194	0.00248	0.189
C4	万元农业产值用水量	0.601	0	0.58
C5	第三产业万元产值用水量	0.0393	0	0.041
C6	城镇居民生活用水定额	0.0879	0.00311	0.0622
C7	农村居民生活用水定额	0.035	0	0.0383
C8	生态环境用水	0.083	0	0.082

表 5.5-24 六冲河流域灵敏度分析结果

变量代号	变　量	用水量	可利用水量	可承载人口
C1	再生水可利用量	0	0.015	0.015
C2	汛期弃水	0	3.048	2.88
C3	万元工业增加值用水量	0.537	0.0096	0.5
C4	万元农业产值用水量	0.179	0	0.175
C5	第三产业万元产值用水量	0.088	0	0.0872
C6	城镇居民生活用水定额	0.121	0.0055	0.114
C7	农村居民生活用水定额	0.675	0	0.067
C8	生态环境用水	0.0076	0	0.0074

通过使用 Vensim 软件，对分析目标进行灵敏度测试，灵敏度计算结果越大，表示该参数对灵敏度分析目标的影响越大，参照图 5.5-7 和图 5.5-8，根据灵敏度分析的结果可以发现，生活、生产用水量对于水资源承载力的影响较大，所以在对水资源承载系统增加用水负荷计算水资源利用阈值时，对人口、三产产值等对生活用水、生产用水影响较大的影响因子增加负荷。

5.5.4.3 水资源开发阈值的计算

增加水资源承载力系统负荷，观察水资源承载力系统的变化，求取水资源承载系统平衡被破坏的临界值。从区域总用水量、可利用水量以及承载指数出发，研究水资源开发规模阈值。

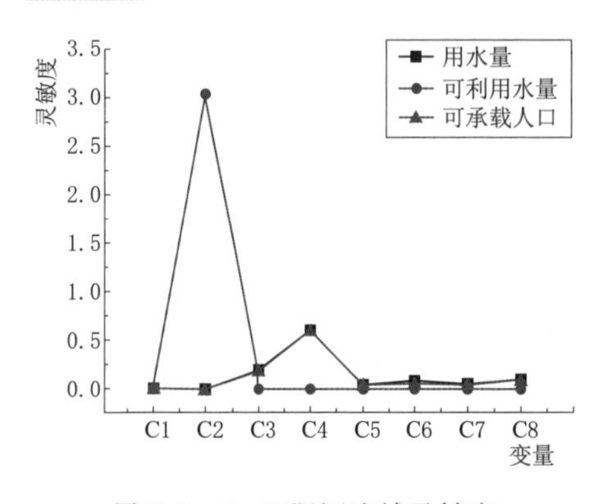

图5.5-7 㵲阳河流域灵敏度

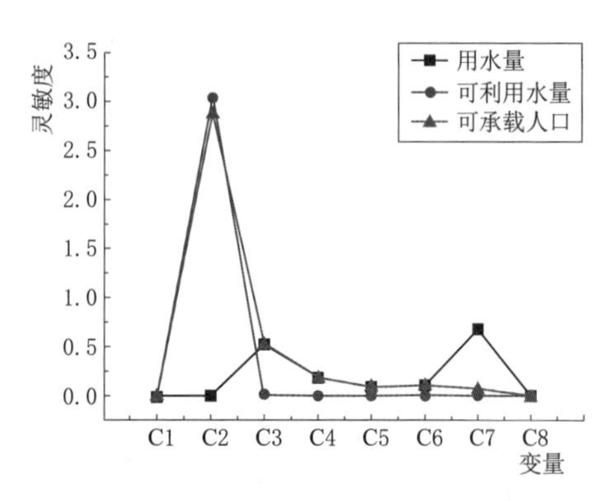

图5.5-8 六冲河流域灵敏度

本书在维持现状用水定额条件的基础上，将六冲河流域的常住人口、第一产业产值、第二产业产值、第三产业产值调整为初始值的2倍、2.5倍、3倍、3.25倍、3.5倍，发现水资源承载力系统中用水总量呈现先增加后减少的趋势；将㵲阳河流域的常住人口、产业产值同时增加2倍、4倍、5倍、6倍、7倍、8倍、10倍，研究水资源承载力系统中用水量的变化，变化情况见表5.5-25和表5.5-26，绘制曲线图如图5.5-9和图5.5-10所示。用水量逐渐增加到一定的峰值后会下降，因此本书认为用水量变化曲线的拐点处为流域水资源开发的阈值，将用水量变化后的一系列数值进行多项式拟合，得到每年的用水量变化曲线，将曲线的拐点值作为该年水资源开发的阈值。各流域水资源开发阈值见表5.5-27和表5.5-28。

表5.5-25　　六冲河流域不同方案用水量变化　　单位：亿m^3

年份	扩大倍数				
	2倍	2.5倍	3倍	3.25倍	3.5倍
2011	20.97	26.19	23.71	22.64	20.20
2012	17.86	22.31	20.66	19.97	18.19
2013	18.16	22.67	20.96	20.23	18.40
2014	17.98	18.97	21.69	21.44	20.28
2015	17.31	18.21	20.88	20.64	19.51
2016	17.58	18.54	21.06	20.75	19.52
2017	17.38	18.34	20.91	20.64	19.49
2018	17.62	18.65	20.86	20.42	19.02
2019	16.58	17.74	19.97	19.71	18.60
2020	15.01	15.74	18.79	18.91	18.41
2021	15.28	15.99	19.17	19.32	18.83

续表

年份	扩 大 倍 数				
	2倍	2.5倍	3倍	3.25倍	3.5倍
2022	15.13	15.90	19.00	19.16	18.70
2023	15.30	16.06	19.25	19.44	18.99
2024	15.23	16.02	19.23	19.44	19.04
2025	15.76	16.57	19.83	20.01	19.56
2026	16.14	16.93	20.40	20.63	20.23
2027	16.49	17.25	20.93	21.22	20.87
2028	16.72	17.44	21.29	21.61	21.30
2029	16.99	17.66	21.72	22.09	21.84
2030	16.96	17.56	21.84	22.29	22.14

表 5.5-26　　潕阳河流域不同方案用水量变化　　单位：亿 m^3

年份	扩 大 倍 数						
	2倍	4倍	5倍	6倍	7倍	8倍	10倍
2011	12.40	24.50	30.55	36.59	35.84	35.16	18.18
2012	12.69	25.09	31.28	37.46	36.70	36.01	18.64
2013	11.71	23.11	28.80	34.49	33.86	33.30	17.70
2014	12.36	24.42	30.43	36.45	35.76	35.15	18.55
2015	13.15	26.00	32.41	38.82	38.08	37.41	19.67
2016	13.49	26.67	33.25	39.81	39.05	38.37	20.18
2017	13.81	27.31	34.04	40.76	39.97	39.25	20.60
2018	14.03	27.73	34.56	41.38	40.56	39.83	20.90
2019	14.00	27.67	34.48	41.28	39.44	38.86	21.09
2020	11.32	22.30	27.77	33.24	31.97	31.69	18.26
2021	11.31	22.29	27.75	33.21	31.96	31.68	18.28
2022	11.58	22.81	28.40	33.99	32.72	32.42	18.70
2023	11.82	23.30	29.00	34.70	33.42	33.12	19.11
2024	12.02	23.68	29.47	35.26	33.94	33.62	19.34
2025	12.07	23.77	29.58	35.39	34.06	33.75	19.46
2026	11.97	23.56	29.32	35.08	33.81	33.57	19.75
2027	11.87	23.35	29.06	34.75	33.55	33.40	20.11
2028	12.04	23.70	29.49	35.27	34.04	33.90	20.47
2029	11.97	23.54	29.28	35.01	33.84	33.77	20.78
2030	11.87	23.34	29.03	34.71	33.58	33.56	20.97

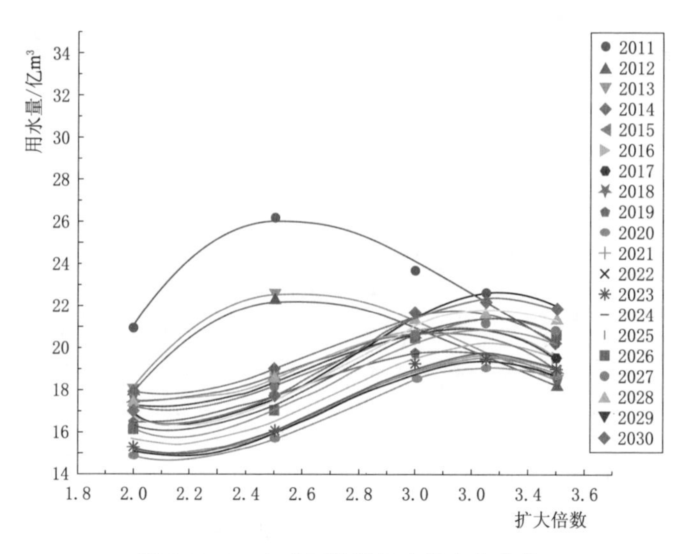

图 5.5-9 六冲河流域用水量变化曲线

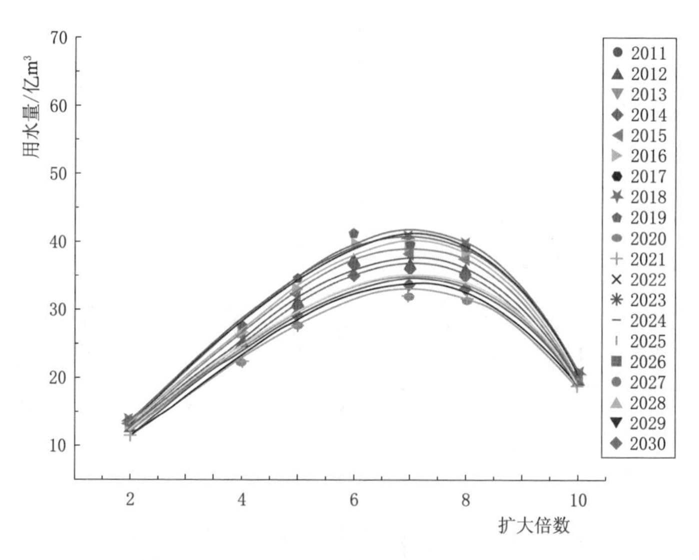

图 5.5-10 㵲阳河流域用水量变化曲线

表 5.5-27　六冲河流域水资源开发阈值

年份	用水量/亿 m³	水资源承载力指数	利用率/%	现状利用率/%
2011	22.64	0.80	25.25	11.73
2012	19.97	0.71	22.35	10.03
2013	20.23	0.92	27.96	12.59
2014	21.44	0.68	22.07	9.30

续表

年份	用水量/亿 m^3	水资源承载力指数	利用率/%	现状利用率/%
2015	20.64	0.71	22.70	9.56
2016	20.75	0.62	20.46	8.72
2017	20.64	0.72	23.02	9.75
2018	20.42	0.71	22.90	9.93
2019	19.71	0.71	22.85	9.67
2020	18.91	0.58	19.14	7.65
2021	19.32	0.66	21.46	8.55
2022	19.16	0.65	21.06	8.38
2023	19.44	0.67	21.84	8.66
2024	19.44	0.66	21.65	8.55
2025	20.01	0.67	21.99	8.73
2026	20.63	0.70	22.93	9.04
2027	21.22	0.73	23.84	9.34
2028	21.61	0.73	24.01	9.36
2029	22.09	0.73	24.28	9.41
2030	22.29	0.75	24.76	9.50

表 5.5-28 　　　　　　㵲阳河流域水资源开发阈值

年份	用水总量/亿 m^3	承载力指数无量纲	阈值利用率/%	现状利用率/%
2011	35.84	0.79	33.97	6.00
2012	36.70	0.90	38.28	6.76
2013	33.86	0.96	40.16	7.10
2014	35.76	0.70	30.80	5.44
2015	38.08	0.72	31.98	5.64
2016	39.05	0.74	32.91	5.80
2017	39.97	0.84	36.83	6.49
2018	40.56	1.10	46.69	8.23
2019	39.44	0.71	31.86	5.77
2020	31.97	0.56	25.32	4.59
2021	31.96	0.56	25.29	4.59
2022	32.73	0.58	25.88	4.69
2023	33.44	0.59	26.40	4.78

续表

年份	用水总量/亿 m^3	承载力指数无量纲	阈值利用率/%	现状利用率/%
2024	33.97	0.59	26.80	4.85
2025	34.10	0.60	26.88	4.87
2026	33.85	0.59	26.67	4.83
2027	33.60	0.58	26.45	4.79
2028	34.10	0.59	26.82	4.85
2029	33.92	0.59	26.65	4.82
2030	33.66	0.58	26.43	4.78

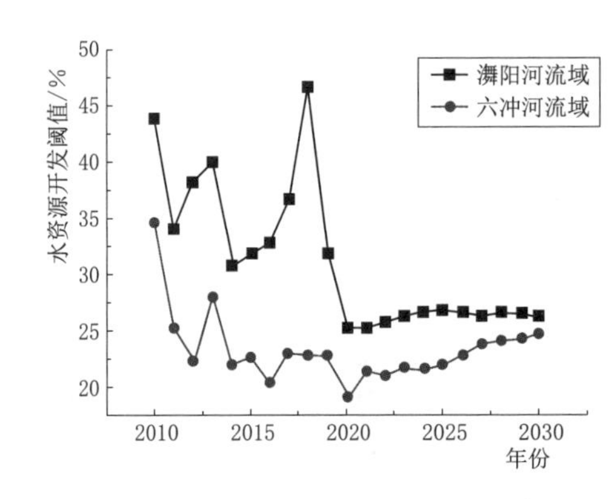

图 5.5-11　贵州部分河流水资源开发阈值对比

5.5.4.4　水资源开发阈值对比分析

由图 5.5-11 可知，㵲阳河流域的水资源开发阈值高于六冲河流域。根据贵州喀斯特地貌分区资料，㵲阳河流域处于贵州省非喀斯特地貌地区，降水量下渗较少，水资源可利用量较多，而六冲河流域处于贵州喀斯特地貌地区，山区岩石裸露，一般土层较薄，土壤蕴含水分较少，受自然地理条件限制，喀斯特地区的经济发展水平较落后，水资源开发水平较低的阶段。

六冲河流域水资源总量比较丰富，但地表受到长期的喀斯特作用，降水下渗强烈，入渗系数较大，造成可利用水资源严重缺乏，水资源开发阈值较低，因此水资源开发阈值高于六冲河。㵲阳河流域面积小，水资源总量低于六冲河，但与六冲河流域相比，区域内水资源开发水平较高，由于流域内非喀斯特地貌水资源不易于下渗，能够留存较多的可利用水资源。

㵲阳河河网密度 0.53km/km²，六冲河流域河网密度为 0.14km/km²，六冲河流域大气降水因岩溶裂隙等因素的影响，迅速渗入地下，难以形成集流，河网密度较小，水资源难以利用，因此六冲河流域水资源开发阈值低于㵲阳河流域。

5.6　本章小结

本章采用生态足迹法、模糊综合评价法、量质双要素和“量、质、域、流”四要素综合评价法分析贵州省水资源承载状况。生态足迹法表明贵州省整体的水资源开发利用率还比较低，从侧面反映出喀斯特地区水资源开发利用难度大，虽然有丰富的水资源却难以利用。根据模糊综合评价法的结果，认为贵州省的水资源承载力水平为2级，属于“一般”。量质双要素结果显示，贵州省大部分地区处于超载或临界超载状态。经综合分析，贵州省水资源承载状况一般，水资源还有一定的开发潜力。“量、质、域、流”四要素结果显示，2010—2019年间贵州省各市州水资源基本处于可承载及以上水平，仅贵阳市在2010年和2011年处于轻微超载状态，以当前经济发展水平和人口增长速率持续到2030年，贵阳市、遵义市、铜仁市、毕节市、六盘水市用水量相较于用水量控制红线仍有较大富余，代际可承载；而安顺市、黔南州和黔东南州已经接近用水量上限，代际间均衡；黔西南州将出现突破界限的情况，缺水程度达16.81%，代际间水资源不均衡，如果不控制发展速度，将对生态系统造成损害。建立系统动力学模型模拟六冲河流域和㵲阳河流域水资源承载力的变化，经过灵敏度分析发现居民生活用水定额、万元工业增加值用水量、万元农业增加值用水量对水资源承载力系统影响较大。最后通过增加系统负荷来研究水资源承载力系统中用水量的变化，发现六冲河流域水资源开发阈值在20%～35%之间变化，㵲阳河流域的水资源利用阈值在25%～45%之间变化。

第6章 贵州省基于荷载均衡的水资源可利用量计算

6.1 水资源可利用量计算方法

目前，国内主要用扣损法计算水资源可利用量，即水资源总量减去生态用水等不可利用水量和汛期难以控制利用的水量。水资源总量包括地表水资源总量和地下水资源总量，考虑贵州省喀斯特地形，地下水总量就是地表和地下水资源重复量；且喀斯特地区流域不闭合，下渗量大，多暗河，地下水开发利用难度较大，结合贵州省多年供水情况，地下供水仅占到全流域供水的2%左右，可直接对地表水资源可利用总量进行计算评估，估算公式如下：

$$W_{水资源可利用量}=W_{地表水资源总量}-W_{河道内需水量}-W_{洪水弃水} \tag{6.1-1}$$

河道内需水要满足多项功能，是河道内必须保留的，且很少有消耗。为了满足河道内整体需水，把计算得出的各项河道内需水中最大值作为河道内需水量。对于喀斯特地区，喀斯特地貌下渗量大，流域处于不封闭状态，为了满足河道各项功能，河道内用水的需求较多。本次计算从河道功能出发，主要考虑与地下水相关的河道基流流量和对水量要求较多的水生生物保护水量。对比分析前文计算的基流指数和生态流量，选取0.39的基流指数这一较大值，即39%的径流量作为本章节生态需水的需求量。

汛期难以控制利用的洪水量是指在可预见的时期内，不能被工程措施控制利用的汛期洪水量[89]。在资料充足情况下，可以根据站点汛期来水情况和最大耗水情况对汛期天然径流进行调蓄，天然径流扣除水库调蓄水量和最大耗水量即为汛期难以控制利用的下泄洪水量。具体计算中，可通过简化运行策略或者水库的调度规则进行兴利计算，求得年内弃水量。

6.2 对水电站汛期弃水的考虑

6.2.1 简化运行策略

针对六冲河流域，以洪家渡水电站为控制站点，进行简化计算。根据简化运行策略，时段可用水量=时段初水库蓄水量+时段入库水量，若可用水量小于或等于调节流量，则来水全部下泄；若来水量大于调节流量，水库未蓄满水时，下泄水量等于调节流量；若水库蓄满，则除需要用到的水量外，全部为弃水。洪家渡水电站为多年调节水电站，需要进行连续计算；张双虎[90] 在对乌江梯级调度研究中，计算验证洪家渡水电站年末水位不应低于1094.7m，因此本次计算起调水位设置为1094.7m，根据水位库容关系，计算出对应库容为18.041亿m^3；洪家渡水电站死水位为1076m，对应死库容11.37亿m^3；因此，计算过程中，设定1952年初始蓄水量为6.67亿m^3。之后的计算中，每一年年初蓄水量通过上一年年末蓄水量计算得到。

图6.2-1中ab段为汛期前来水量达不到供水要求的情况，bc段为汛期初始水库蓄水，cd段水库蓄满，开始产生弃水。

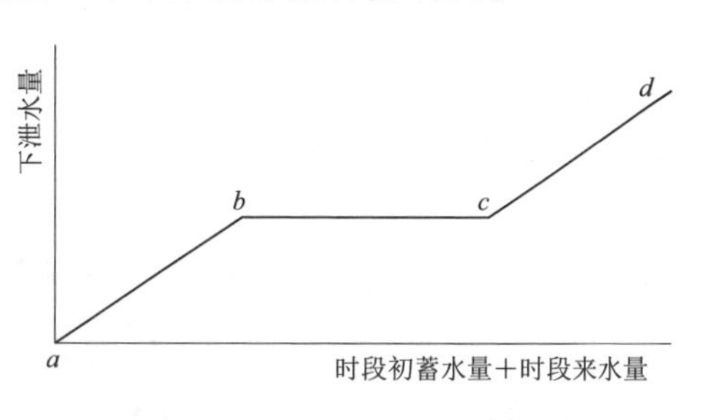

图6.2-1 简化运行策略图示

6.2.1.1 调节流量计算

已有的资料中缺少洪家渡水电站调节流量数据，现用两种方法对洪家渡水电站调节流量进行计算：①通过保证出力反算调节流量；②通过径流量和调节库容计算调节流量。

1. 保证出力反求调节流量

水电站的保证出力是指符合水电站设计保证率要求的一定临界期的平均出力。水电站出力计算公式为

$$N=KQH \qquad (6.2-1)$$

式中：N为出力，kW；K为出力系数；Q为引用流量，m^3/s；H为净水头，m。

根据查到的资料显示，洪家渡水电站的保证出力为159.1MW，综合出力系数为8.5，设计水头为148.9m。通过上述公式和数据可计算出调节流量为125.71m^3/s。

2. 已知库容、来水求调节流量

已知洪家渡水电站为多年调节，设计保证率$P=97\%$，多年平均年径流

量为 $W_{年}$=44.38 亿 m^3/s，多年调节库容为 $V_{多}$=33.61 亿 m^3/s，通过系列资料计算得 C_v=0.25，$C_s=2C_v$。先需要计算多年库容系数 $\beta_{多}$，计算公式为

$$\beta_{多}=\frac{V_{多}}{W_{年}} \tag{6.2-2}$$

再通过保证率 P、库容系数 $\beta_{多}$ 和 C_v 查普氏线解图，找出对应的调节系数 α，由此可计算出年用水量 $W_{用}$，计算公式为

$$W_{用}=\alpha \cdot W_{年} \tag{6.2-3}$$

最终由来水和调节库容求得洪家渡水电站调节流量为 125.39m^3/s。计算结果见表 6.2-1。根据两种计算结果的比较，洪家渡水库的调节流量在 125.39～125.71m^3/s 之间，计算弃水时调节流量在区间内取值即可。

表 6.2-1　　洪家渡水电站调节流量计算结果

项　目	数　值	项　目	数　值
设计保证率	97%	C_v	0.25
多年平均年径流量/亿 m^3	44.38	调节系数 α	0.89
多年调节库容/亿 m^3	33.61	$W_{用}$/亿 m^3	39.50
$\beta_{多}$	0.76	$Q_{调}$/(m^3/s)	125.39

6.2.1.2 简化运行策略计算弃水

根据简化运行策略，编写程序进行多年调节计算，可得到每年的弃水量，年末的水库蓄水量，结合上一章节的基流指数计算出每年的河道基流量，通过扣损法计算出每年的可利用量，结果见表 6.2-2。

表 6.2-2　　多年径流弃水计算结果

年份	经验频率/%	年径流量/亿 m^3	年末蓄水量/亿 m^3	弃水量/亿 m^3	年份	经验频率/%	年径流量/亿 m^3	年末蓄水量/亿 m^3	弃水量/亿 m^3
1952	10.53	57.7	27.57	0.00	1963	85.96	33.4	26.34	0.00
1953	54.39	43.6	31.32	0.59	1964	8.77	59	33.61	9.53
1954	1.75	75	33.01	32.69	1965	40.35	50.7	33.01	11.83
1955	21.05	53.9	33.61	13.49	1966	87.72	30.8	26.08	0.00
1956	35.09	51.5	32.73	12.77	1967	14.04	56.6	33.14	6.94
1957	7.02	61.6	32.68	21.28	1968	5.26	65.7	33.04	26.68
1958	84.21	33.6	28.65	0.00	1969	64.91	41.7	31.30	3.71
1959	57.89	42.7	31.33	0.00	1970	36.84	50.9	32.93	8.12
1960	61.40	42.4	30.31	2.47	1971	28.07	52.8	32.77	14.55
1961	24.56	53.7	33.61	9.34	1972	78.95	34.8	29.70	0.00
1962	77.19	36.1	31.07	0.00	1973	70.18	38.1	29.86	0.00

续表

年份	经验频率/%	年径流量/亿 m^3	年末蓄水量/亿 m^3	弃水量/亿 m^3	年份	经验频率/%	年径流量/亿 m^3	年末蓄水量/亿 m^3	弃水量/亿 m^3
1974	15.79	55.8	32.13	9.72	1991	71.93	38.1	12.43	0.00
1975	59.65	42.7	33.61	1.25	1992	52.63	44.9	19.81	0.00
1976	22.81	54.1	32.43	15.37	1993	73.68	37.5	19.50	0.00
1977	17.54	55.5	33.28	15.08	1994	75.44	36.8	18.13	0.00
1978	56.14	43.3	31.09	5.88	1995	98.25	17.6	31.41	0.00
1979	45.61	47.9	32.30	6.93	1996	19.30	54.7	31.33	14.60
1980	33.33	52	32.67	11.81	1997	29.82	52.8	32.45	11.84
1981	80.70	34.5	28.98	0.00	1998	42.11	50.6	31.04	12.19
1982	31.58	52	32.60	7.13	1999	38.60	51	31.24	10.93
1983	3.51	66.5	33.38	25.81	2000	26.32	53.5	33.09	11.79
1984	47.37	48	31.23	10.86	2001	12.28	57.3	32.84	17.65
1985	50.88	47.4	31.15	7.64	2002	49.12	47.6	28.74	12.15
1986	43.86	48.3	32.80	6.17	2003	89.47	29.7	20.67	0.00
1987	82.46	34.4	29.48	0.00	2004	66.67	40.8	23.93	0.00
1988	68.42	39.3	31.09	0.00	2005	92.98	28.2	14.69	0.00
1989	91.23	28.7	22.38	0.00	2006	96.49	24.1	1.05	0.00
1990	94.74	27.7	12.47	0.00	2007	63.16	42.2	13.51	0.00

由表 6.2－2 可以明显看到各年的弃水量，各年弃水量因前一年蓄水状况和本年度来水情况不同而存在差异。最终可计算得多年平均弃水量为 6.94 亿 m^3，则多年平均水资源可利用量为 20.85 亿 m^3。

6.2.2 考虑水库调节

为了充分发挥洪家渡水电站的作用，减少弃水，增加发电效益，根据洪家渡水电站 1952—2007 年月流量数据和常规调度图（表 6.2－3）进行长系列模拟计算，可得汛期弃水量。洪家渡电站起调水位为 1076m，在来水较丰时，调度最低水位定为年消落水位 1118m，当存在连续的枯水年时，水库最低水位可消落至死水位 1076m。以 5 月为起始月，将六冲河洪家渡水电站处 1952—2007 年天然入库径流资料按水文年排列，根据调度规则计算，得到每一年的弃水量；假设每个月河道内需水量均匀，则汛期弃水量扣除弃水中满足河道内需水量部分即为难以控制水量。

表 6.2-3　　洪家渡水库调度图（月初水位）　　单位：m

月　份	6	7	8	9	10	11
加大出力区上限 276MW	1138.0	1138.0	1138.0	1138.0	1140.0	1140.0
加大出力区上限 248MW	1138.0	1138.0	1138.0	1138.0	1140.0	1140.0
加大出力区上限 211MW	1138.0	1138.0	1138.0	1138.0	1140.0	1140.0
加大出力区上限 193MW	1138.0	1138.0	1138.0	1138.0	1140.0	1140.0
加大出力区上限 166MW	1138.0	1138.0	1138.0	1138.0	1140.0	1140.0
正常工作区上限 134MW	1127.4	1135.6	1138.0	1138.0	1137.5	1137.3
正常工作区下限 134MW	1076.0	1082.1	1092.5	1097.3	1103.2	1105.0
月　份	12	1	2	3	4	5
加大出力区上限 276MW	1140.0	1140.0	1140.0	1140.0	1140.0	1140.0
加大出力区上限 248MW	1140.0	1140.0	1140.0	1137.9	1132.2	1125.6
加大出力区上限 211MW	1140.0	1140.0	1140.0	1135.7	1130.7	1124.7
加大出力区上限 193MW	1140.0	1140.0	1137.4	1133.4	1129.0	1123.8
加大出力区上限 166MW	1140.0	1137.4	1134.4	1131.2	1127.3	1122.8
正常工作区上限 134MW	1136.4	1134.8	1132.2	1129.5	1126.0	1122.3
正常工作区下限 134MW	1103.6	1100.3	1097.1	1092.5	1086.5	1078.9

由于洪家渡水电站是多年调节水电站，各年弃水量因前一年蓄水状况和本年度来水情况不同而存在差异，计算结果中，1954 年弃水量最多（30.41 亿 m^3），当年难以控制水量为 26.68 亿 m^3，可利用水量为 18.82 亿 m^3；最终可计算得多年平均弃水量为 5.56 亿 m^3，多年平均难以控制利用水量为 3.69 亿 m^3，多年平均地表水资源可利用量为 24.51 亿 m^3。具体结果见表 6.2-4。

表 6.2-4　　考虑水库调节的弃水量及水资源可利用量计算结果　　单位：亿 m^3

年份	年径流量	河道基流量	月均河道基流量	弃水量	实际弃水量	水资源可利用量
1952	57.44	22.40	1.87	0.00	0.00	35.04
1953	43.61	17.01	1.42	2.38	0.52	26.08
1954	74.59	29.09	2.42	30.41	26.68	18.82
1955	54.18	21.13	1.76	9.65	5.92	27.13
1956	51.22	19.97	1.66	8.95	5.22	26.03
1957	61.38	23.94	1.99	15.23	11.50	25.95
1958	33.69	13.14	1.09	0.00	0.00	20.55
1959	42.69	16.65	1.39	4.97	3.10	22.94
1960	42.19	16.45	1.37	3.36	1.50	24.24

续表

年份	年径流量	河道基流量	月均河道基流量	弃水量	实际弃水量	水资源可利用量
1961	53.57	20.89	1.74	9.27	5.53	27.14
1962	36.03	14.05	1.17	0.55	0.55	21.43
1963	33.23	12.96	1.08	0.00	0.00	20.27
1964	59.08	23.04	1.92	6.71	2.98	33.06
1965	50.69	19.77	1.65	3.52	1.65	29.27
1966	30.67	11.96	1.00	0.00	0.00	18.71
1967	56.71	22.12	1.84	6.51	2.78	31.81
1968	65.45	25.53	2.13	18.46	12.86	27.07
1969	41.58	16.22	1.35	3.30	1.44	23.93
1970	50.76	19.80	1.65	6.56	4.69	26.27
1971	52.92	20.64	1.72	7.60	5.74	26.54
1972	34.76	13.56	1.13	0.00	0.00	21.21
1973	38.20	14.90	1.24	0.00	0.00	23.30
1974	55.53	21.66	1.80	12.63	8.89	24.98
1975	42.67	16.64	1.39	1.97	1.97	24.06
1976	53.94	21.04	1.75	12.39	8.65	24.25
1977	55.57	21.67	1.81	7.31	3.58	30.32
1978	43.38	16.92	1.41	1.20	1.20	25.26
1979	47.87	18.67	1.56	9.49	5.75	23.45
1980	51.83	20.21	1.68	5.66	3.79	27.82
1981	34.54	13.47	1.12	0.00	0.00	21.07
1982	52.10	20.32	1.69	4.54	2.67	29.11
1983	66.44	25.91	2.16	21.21	15.61	24.92
1984	47.79	18.64	1.55	4.34	2.48	26.67
1985	47.43	18.50	1.54	4.05	2.18	26.76
1986	48.14	18.78	1.56	2.65	2.65	26.72
1987	34.34	13.39	1.12	0.00	0.00	20.95
1988	39.29	15.32	1.28	0.00	0.00	23.97
1989	28.78	11.23	0.94	0.00	0.00	17.56
1990	27.73	10.81	0.90	0.00	0.00	16.92
1991	37.87	14.77	1.23	0.00	0.00	23.10

续表

年份	年径流量	河道基流量	月均河道基流量	弃水量	实际弃水量	水资源可利用量
1992	44.94	17.52	1.46	0.00	0.00	27.41
1993	37.43	14.60	1.22	0.00	0.00	22.83
1994	36.76	14.34	1.19	0.00	0.00	22.43
1995	58.74	22.91	1.91	11.10	5.50	30.33
1996	54.54	21.27	1.77	13.08	9.35	23.92
1997	52.61	20.52	1.71	7.47	5.61	26.49
1998	50.29	19.61	1.63	13.05	9.31	21.36
1999	50.92	19.86	1.65	9.34	3.74	27.32
2000	53.41	20.83	1.74	7.95	4.22	28.36
2001	57.20	22.31	1.86	12.34	8.61	26.28
2002	47.39	18.48	1.54	11.98	8.25	20.66
2003	29.78	11.61	0.97	0.00	0.00	18.17
2004	40.76	15.89	1.32	0.00	0.00	24.86
2005	28.30	11.04	0.92	0.00	0.00	17.26
2006	24.09	9.39	1.37	0.00	0.00	14.69
2007	42.18	16.45	1.52	0.00	0.00	25.73

对比分析两种方法的计算结果，发现考虑水库调度的作用时弃水量比简化运行策略减少了将近 50%，水资源可利用量大大提升，水库起到了减少弃水增加经济效益的作用。因此最终计算的水资源可利用量以考虑水库调度的水资源可利用量计算结果为准。

6.3 基于荷载均衡水资源可利用量计算实例

6.3.1 典型年水资源可利用量分析

根据上一节计算的弃水量，选择典型年进行水资源可利用量计算，并分析结果。

丰水年 1964 年水资源可利用量计算结果见表 6.3-1。虽然 1964 年为丰水年，但是 1963 年是一个枯水年，年末蓄水量较小，因此，在 1964 年洪水来临前水库有一定的库容蓄水，导致丰水年弃水量较少。计算得 1964 年水资源可利用量为 33.06 亿 m^3，可利用量较为丰富。

表 6.3-1 1964 年水资源可利用量计算成果

年　份	1964（丰水年）	年　份	1964（丰水年）
年平均径流量/亿 m^3	59.08	弃水量/亿 m^3	2.98
河道内需水量/亿 m^3	23.04	水资源可利用量/亿 m^3	33.06

丰水年 1968 年水资源可利用量计算结果见表 6.3-2。1968 年上一年同样为丰水年，年末水库蓄水量较多，因此，可以看出 1968 年弃水量较多，相较于 1964 年呈现出不同的结果。计算得 1968 年水资源可利用量为 27.07 亿 m^3，相比 1964 年水资源可利用量较少；原因在于水库长期处于蓄满或即将蓄满状态，弃水量很大，未被充分利用。

表 6.3-2 1968 年水资源可利用量计算成果

年　份	1968（丰水年）	年　份	1968（丰水年）
年平均径流量/亿 m^3	65.45	弃水量/亿 m^3	12.86
河道内需水量/亿 m^3	25.53	水资源可利用量/亿 m^3	27.07

连续的平水年 1984 年和 1985 年水资源可利用量计算结果见表 6.3-3。平水年时，天然径流量基本可以满足用水量。连续平水年之前，水库处于蓄满状态，因此在汛期会产生一定的弃水，但不会很多；经过年内调节，基本不会动用水库蓄水，各部门用水保证率会较高。计算得 1984 年水资源可利用量为 26.67 亿 m^3，1985 年水资源可利用量为 26.76 亿 m^3，两年结果相差不大。

表 6.3-3 1984 年和 1985 年水资源可利用量计算成果

年　份	1984（平水年）	1985（平水年）
年平均径流量/亿 m^3	47.79	47.43
河道内需水量/亿 m^3	18.64	18.50
弃水量/亿 m^3	2.48	2.18
水资源可利用量/亿 m^3	26.67	26.76

在系列计算中，枯水年基本不会产生弃水，选择 2001—2003 年，丰水年、平水年、枯水年连续变化的三个年份计算分析，结果见表 6.3-4。对比分析，可以明显看出丰水年弃水量较大，枯水年没有弃水，且年末水库蓄水量呈现下降趋势。三年的水资源可利用量大体相当，分别为 26.28 亿 m^3、20.66 亿 m^3、18.17 亿 m^3，原因在于，丰水年弃水量较大，剩余可利用量较少，而枯水年整体水量偏少，甚至需要水库调水用水，不存在弃水，也很少会蓄水，除去河道内用水部分，大部分水量需要用来调节使用。

表 6.3-4 2001年、2002年和2003年水资源可利用量计算成果

年份	2001（丰水年）	2002（平水年）	2003（枯水年）
年平均径流量/亿 m^3	57.2	47.39	29.78
河道内需水量/亿 m^3	22.31	18.48	11.61
弃水量/亿 m^3	8.61	8.25	0
水资源可利用量/亿 m^3	26.28	20.66	18.17

6.3.2 丰、平、枯年际间变化分析

由上一节得知，多年调节电站本年度弃水量受上一年来水状况影响，下面开展丰、平、枯年际变化情况下水资源可利用量的分析。

结合《水文基本术语和符号标准》（GB/T 50095—2014）中的标准和六冲河实际水量，将六冲河的径流划分为丰、平、枯三种情况，采用保证率（经验频率）划分类别，具体标准见表6.3-5。

径流资料符合P-Ⅲ型分布，用频率分析法确定统计参数和频率设计值，经验频率的计算结果在表6.2-2中已有所体现。根据划分标准，确定各年的丰、平、枯情况，整理得到丰、平、枯状态转移的频数矩阵，结果见表6.3-6。

表 6.3-5 丰、平、枯划分标准

丰、平、枯等级	划分标准
丰水年	$P \leqslant 37.5\%$
平水年	$37.5\% < P \leqslant 87.5\%$
枯水年	$P > 87.5\%$

表 6.3-6 频数矩阵

状态	丰水年	平水年	枯水年
丰水年	9	7	5
平水年	5	4	5
枯水年	6	3	11

表6.3-6中行状态指本年度径流状况，列状态指上一年度径流状况。从频数矩阵可以看出，丰水年和平水年的相互转换情况更多，与枯水年相关的转换较少。可以计算得到不同情况下弃水量和水资源可利用量的平均值，结果见表6.3-7。

表 6.3-7 径流丰、平、枯转换情况下六冲河流域弃水和水资源可利用量

单位：亿 m^3

状态	丰水年		平水年		枯水年	
	弃水量	可利用量	弃水量	可利用量	弃水量	可利用量
丰水年	12.63	26.46	5.49	24.77	0.77	21.64
平水年	12.80	25.16	6.38	26.06	0.67	20.98
枯水年	8.46	29.40	3.84	25.54	0.00	20.92

多年调节水库的调节库容较大，一年的径流量很难满足其调节库容，因此会进行连续的多年调节计算，在这个过程之后，本年的蓄水情况会受上一年年末水库蓄水状况影响，由此对年内调节时计算时的弃水产生影响，进而对水资源可利用量产生影响。由表 6.3-7 可知，对于枯水年而言，前一年的来水情况对其影响不大，主要是由于天然来水需要满足河道内需水和调节流量，有时甚至需要水库调水以满足用水需求，在任何情况下都很难产生弃水，水资源可利用量相对稳定且比较少。对于平水年和丰水年而言，年内天然径流量基本可以满足用水需求，在汛期易产生弃水；在前一年为丰水年的情况下，弃水量会较大，导致计算得出的水资源可利用量相对较少；在前一年为枯水年的情况下，水库蓄水量减小，在汛期有一定的库容可以储存水量，使得弃水量较少，相应的水资源可利用量较多。

根据频数矩阵可知，六冲河流域以平水年和丰水年为主，枯水年较少，同时，由于洪家渡水电站的调蓄作用，流域的汛期弃水较少，水资源可利用量丰富。

6.4 贵州省水电开发对水资源可利用量的影响分析

计算得出六冲河流域多年平均水资源可利用量，结果见表 6.4-1。六冲河流域多年平均径流量为 46.24 亿 m^3，根据基流分割结果，河道内需水量为 18.03 亿 m^3，根据洪家渡水电站常规调度图调节计算得到多年平均弃水量为 3.69 亿 m^3，水资源可利用量为 24.51 亿 m^3，水资源开发利用阈值可达到 50%。由于洪家渡水电站是多年调节，其调节库容较大，多年平均弃水量较少；六冲河流域水资源总量较丰富，同时，六冲河的开发利用刚开始，地区用水需求还不高，因此认为最终计算得到的水资源可利用量结果合理。

由多年平均水资源可利用量和考虑丰、平、枯变化情况下的水资源可利用量可知，六冲河流域水资源丰富，除特枯年份外，水资源可利用量富足，在未来的规划发展中完全有条件进行合理的开发利用，以满足地区的生产、生活需求。结合第 4 章对六冲河流域水资源承载力的分析结论，认为可以对六冲河进行适度的开发利用，且开发潜力大。

表 6.4-1　　六冲河流域多年平均水资源可利用量计算结果

项　目	数　量	项　目	数　量
年平均径流量/亿 m^3	46.24	弃水量/亿 m^3	3.69
河道内需水量/亿 m^3	18.03	水资源可利用量/亿 m^3	24.51

6.5　本章小结

本章结合前述内容，在六冲河流域水量较充足、水资源承载力足够、可以进行开发的情况下，分析估算流域的水资源可利用水量。由于该区域地下水资源开发利用量极低，本次采用扣损法计算水资源可利用量时，仅考虑地表水资源可利用量。本章研究时，以六冲河下游洪家渡水电站为控制站点，通过简化运行策略和考虑洪家渡水电站调节作用两种方法，计算年内弃水；综合河道基流、水生生物生态需水和生产需水，选定35%的基流为河道内需水量。考虑水库调节时的弃水量为3.69亿m^3，河道内需水量为18.03亿m^3，计算得到水资源可利用量达到24.51亿m^3，水资源开发利用阈值可达到50%。结合对丰平枯年份变化条件下的弃水和水资源可利用量分析，认为六冲河流域整体水资源可利用量丰富，在荷载均衡情况下可进一步开发利用。

第7章 贵州省水资源管理调控措施分析

7.1 贵州省水系河网

7.1.1 水系基本概况

贵州省河流以中部苗岭为分水岭，北属长江流域的乌江，沅江，牛栏江、横江，以及赤水河、綦江四大水系，流域面积115747km^2，占65.7%；南属珠江流域的南盘江、北盘江、红水河、柳江四大水系，流域面积60420km^2，占34.3%。省内流域面积大于50km^{2}的河流有1059条，其中流域面积大于300km^{2}的河流有167条，大于10000km^{2}的河流有乌江、六冲河、清水河、赤水河、北盘江、红水河、柳江7条。贵州河系地处分水岭地带，多属喀斯特山区中小河流，河网密度大，平均每平方千米河长0.56km，柳江水系最大为0.77km，其次为沅江水系的0.69km，最小为北盘江的0.47km和红水河水系的0.43km，东密西疏；河道束放相同，多深切河谷，河床狭窄。贵州八大水系和主要江河概述如下：

1. 乌江水系

乌江是长江上游右岸的最大支流，是贵州最大的河流，发源于贵州省西北部乌蒙山东麓的威宁县炉山乡银洞村，上游称三岔河；一级支流六洞河发源于赫章县麻姑，于化屋基汇合后始称乌江。乌江横穿贵州省中部，到贵州东北部沿河县城后折向西北流进重庆市境内，经彭水、武隆、向北流至涪陵市汇入长江。流域内地势呈三大梯坡分布：西部高原为2000～2400m，中部丘原为1200～1400m，东北部低山丘陵为500～800m。流域内高原山地占87%，丘陵区占10%，盆地及河流阶地仅占3%。碳酸岩类岩石广布，岩溶地貌发育，具有明显的层状地貌特征。

乌江流域横跨贵州西、中、东北部8个市（州）41个县（市）。西部与横江、牛栏江的分水岭为乌蒙山支脉，南部与红水河及其支流北盘江的分水岭为乌蒙山、苗岭山脉，西北部与赤水河、綦江的分水岭为大娄山脉，东部与沅江水系的分水岭为武陵山脉，东北部与长江和湖北清水江为邻。流域总面积87920km^2，分属贵州、云南、湖北、重庆四省（直辖市）。贵州境内有66807km^2，占全流域面积的76%。

乌江干流全长1037km，贵州境内为889km，总落差2123.5m，平均比降2.05‰，乌江支流众多，呈羽状分布，两岸较均匀，共有大的一级支流58条（左岸32条，右岸26条），省境内44条。流域面积大于1000km^{2}的二级支流7条。

从化屋基至思南为乌江干流中游河段，长367km，区间流域面积33132km^2，天然落差503.7m，河流平均比降1.4‰。思南多年平均流量为888m^3/s，该区上段穿越黔中丘陵区，流向东北，多为纵深峡谷，洪枯水位变幅大，两岸山岭与水面高差多在100m以上，河道窄深，枯水期水面宽一般在50m左右。区间汇入的支流，其流域面积在1000km^{2}以上的有8条，其中右岸有猫跳河、清水河、余庆河、石阡河，左岸有野济河、偏岩河、湘江、六池河。区间汇入流域面积在1000km^{2}以上的支流，右岸有印江河、甘龙河、唐沿河、郁江，左岸有洪渡河、芙蓉江和大溪河。

2. 沅江水系

沅江水系贵州境内包括沅江上游诸河干流清水江及其主要支流㵲水、锦江、松桃河、洪洲河。流域地处贵州东部，涉及黔东南州、铜仁市、黔南州西北部，共计26个县（市、区），流域总面积30250km^2，地势西南高，东北低，高程为200～1800m，属低、中山丘陵，区内多年平均雨量为1246mm，多年平均气温为18℃左右。

清水江发源于贵州都匀斗篷山北麓。都匀段称剑河，都匀以下称马尾河，至岔河口汇入重安江后始称清水江，至白毛寨峦山出省境，于湖南黔城汇入舞水后称沅江，然后流入洞庭湖。境内流域面积17145km^2，河长459km，落差1275m，平均比降2.8‰。汇入的主要支流有重安江、巴拉河、南哨河、六洞河、亮江。

㵲水亦称㵲阳河，发源于瓮安尖坡乡谷才，经黄平、施秉、镇远至岑巩纳入龙江河，至玉屏纳车坝河，由罗家寨流入湖南新晃，在经芷江、怀化至黔城注入沅江。贵州境内流域面积6474km^2，河长258km，落差454m，比降4.6‰。汇入的主要支流有抬拉河、波动河、杉木河、龙江河、车坝河。

锦江系沅江一级支流辰水的上源，发源于江口太子石，经江口县城，至铜仁汇入小江后始称锦江，于漾头牛角坪流入湖南称辰水，再经麻阳。流域面积4017km^2，干流长168km，平均比降2.87‰。锦江主要支流有太平河、小江、谢桥河、瓦屋河、川硐河。

松桃河系沅江支流酉水一级支流花垣河的上源河段，发源于松桃椅子山，经松桃县至虎渡口，于洪安出省进入湖南花垣县，再经花垣、宝清汇入酉水，至沅陵注入沅江。贵州境内流域面积 1536km^2，河长 88km，落差 188m，平均比降 9.83‰。

洪洲河是沅江一级支流渠水的源流，发源于黎平地转坡，至流水岩入湖南境，经靖县、会同县汇入沅江。贵州境内流域面积 975km^2，河长 81km，落差 563m，比降 2.08‰。

3. 赤水河、綦江水系

赤水河系长江上游南岸的一级支流，发源于乌蒙山北麓、云南省镇雄县鱼洞乡大洞口。上源称鱼洞河；东流至云贵川三省交界之三岔河后，称毕数河（俗称鸡鸣三省）；向东流经赤水河镇后始称赤水河。于茅台镇折转向西北，经太平渡，蜿蜒于元厚，在赤水市向东北折转进四川省合江后注入长江。干流全长 444.5km（贵州境内河长 126km）。全河总落差 1588m，平均比降 3.57‰。其中贵州境内（包括界河段）总落差 1743m，平均比降 4.36‰。全流域面积 20440km^2，其中贵州省境内流域面积为 11412km^2，占 56%，涉及贵州七星关、大方、金沙、播州、仁怀、赤水、习水、桐梓共 8 个市（县、区）。省内汇入赤水河的主要支流有二道河、桐梓河、习水河，流域中上游一带植被较差，河流泥沙较多，汛期水色赤黄，故名赤水河。

綦江是长江上游南岸一级支流，习惯上以松坎河为源流。发源于贵州桐梓县闵风垭，经松坎至木瓜河口进入重庆市境，至赶水以后始称綦江，于江津县顺江场江口注入长江，全长 205km。河源至赶水为綦江上游段，称松坎河，全长 88.7km，贵州境内河长 56km，落差 620m，比降 11.1‰。境内流域面积为 2321km^2，主要支流有羊蹬河。

4. 牛栏江、横江水系

牛栏江、横江为金沙江一级支流。牛栏江干流为湖源河流，发源于云南嵩明县杨林海子，自源地向西南，折转东北方向，经德泽，于双车坝以下至压坝西流至店子上为滇黔界河。东岸在黔威宁县境，至回龙湾下折西北流至昭通麻耗村注入金沙江。全河流域面积达 13787km^2，跨云贵两省，主要在云南省境内。在贵州境内的流域面积仅 2014km^2。主要支流有哈喇河、理可河、龙潭河，以哈喇河最大。横江干流发源于贵州省威宁县草海，源头段称羊街大河、拖倮河，经昭通市彝良县龙街乡长炉村熊家沟进入云南省境内后称洛泽河，一段为云南省与贵州省界河，经彝良县城后在幸福洞进入大关县境内，至青冈为彝良、大关之界河，再经天星镇至岔河与洒渔河相汇，于宜宾边镇对岸注入金沙江。

5. 南盘江水系

红水河上游称南盘江，发源于云南省沾益县乌蒙山脉马雄山东北一个双层石灰水洞，是珠江干流西江的主流，由北往南流经沾益、曲靖、宜良、开元至三江口（黄泥河汇口）为贵州、广西界河，沿贵州境内，经仓梗、天生桥、百口蜿蜒东流，至望谟县庶香双江口与北盘江交汇，称红水河。南盘江全长936km，流域面积54900km^2，总落差1854m，平均比降1.98‰，跨滇、黔、桂三省（自治区）31个县（市）的全部或部分，贵州部分包括兴义、安龙、册亨、兴仁、普安、盘州6个县（市）部分。南盘江流域处于云贵高原东南斜坡地带，地势西北高、东南低，地面高程多在1000～2000m，干流两岸山势雄厚河谷深切500～700m，水面宽100m左右，一般为V形宽谷。本区属侵蚀、溶蚀高中山区，以山地为主，仅兴义、安龙一带为平缓丘陵，有较大田坝。区内属亚热带季风气候，年均气温19℃，多年平均年降水量为1349mm，多年平均悬移质输沙量1490万t，推移质输沙量70万t，泥沙主要来源于三江口以上。区内岩溶洼地较多，较大的洼地湖泊有龙广海子，锅北海子、陂塘海子、绿海子等。森林覆盖率为10.5%。主要支流有黄泥河（云贵界河）、马别河、白水河、秧坝田等，流域面积大于1000km^{2}的支流有黄泥河、马别河。

6. 北盘江水系

北盘江是西江上源红水河的最大支流，发源于云南省沾益县乌蒙山脉马雄山西北麓，东北流经宣威，至双坝河口折向东南流，至盘州都格岔河口汇入支流拖长江，为滇黔界河，汇入支流可渡河后进入贵州省境，乃称北盘江，往东南流经茅口、盘江桥、百层、乐元等地，于望谟县双河口汇入南盘江后，称红水河。北盘江流域位于贵州西南部，地势西北高，东南低，上游云南境内以高原地貌为主，中游以中山地貌为主，下游以低山地貌为主，区内喀斯特发育，在一些支流上河段明暗交替。流域范围自西北向东南略呈长方形，包括云南沾益、宣威、富源3个县和贵州的威宁、水城、六枝、盘州、普安、晴隆、兴仁、安龙、贞丰、册亨、望谟、紫云、镇宁、关岭、西秀15个县（市、区）的全部或部分。

流域内多年平均气温14.8℃，多年平均年降水量为1248mm，多年平均年蒸发量为656mm。北盘江全长450km，总落差1985m，平均比降4.42‰，流域面积26538km^2。省境内部分河段长352km，流域面积20982km^2，全流域山区面积占总面积的85%，丘陵和平原仅占10%和5%，北盘江流入贵州省境后，河道蜿蜒穿行于群山之中，河谷大多为V形峡谷。河面狭小，两岸坡陡，多悬崖绝壁，河段险滩林立，两岸多为荒山，水土流失严重。北盘江是全省泥沙含量较大的河流，多年平均悬移质含沙量1.1万t，多年平均输沙量达 1330.9 万 t。流域内石灰岩分布面广，喀斯特发育，井泉洞穴、喀斯特洼地、地下伏流河段、跌水瀑布较多，全流域有大小瀑布 165 处，左岸主要支流有可渡河、巴郎河、月亮河、打邦河、红辣河、望谟河；右岸纳入拖长江、乌都河、麻沙河、西泌河、麻沙河、大田河、者楼河；其中流域面积在 $1000km^2$ 以上的河流有 8 条，即左岸可渡河、月亮河、打邦河、红辣河和右岸拖长江、乌都河、麻沙河、大田河。

7. 红水河水系

红水河为西江上游河段，主源为南盘江，于贵州省册亨县庶香双江口纳北盘江后称红水河，至广西石龙纳柳江，全长 659km，流域面积 $52600km^2$，总落差 254km。红水河干流在贵州境内为庶香至八腊段（曹渡河口），为黔桂界河，左岸省境内流域面积 $15978km^2$，河段长 106km，包括望谟、罗甸、惠水、长顺、平塘、都匀、贵阳、紫云、贵定、独山等县（市）的全部或部分。落差 66m，平均比降 0.62‰。

红水河区在苗岭以南，红水河以北，位于贵州高原中部向南倾斜的坡面上。区内属亚热带季风型大陆性山区气候，南部红水河河谷高温区，夏季长达 170 天，有贵州“天然温室”之称；北部属黔中丘陵区，年均气温 14.5～15℃。区内平均降水量 1258mm。流域地势北高南低，北部以丘陵为主，有宽谷平坝分布；南部以山地为主，间有峡谷及山间盆地。石灰岩广泛分布，喀斯特十分发育，伏流暗河较多，伏流河段大度集中数十米到百余米落差。地面植被差，水土流失严重。省内流域面积 $1000km^2$ 以上主要支流有蒙江、涟江、坝王河、六硐河、曹渡河等。

8. 柳江水系

柳江是红水河的第二大支流。柳江在贵州境内的水系，包括都柳江和打狗河两部分，流域面积共 $15809km^2$，涉及独山、榕江、从江、黎平、荔波、雷山、丹寨、都匀等县（市）的全部或部分。区内属亚热带气候，年平均气温 18℃，年平均降水量 1386mm，多年平均径流量 105 亿 m^3。

都柳江为柳江上源，发源于独山县拉林、里纳，至独山城南郊折东南流，再转东北流，至三都县往东南流，经两县至长寨河口入广西境，东北流至八洛独洞河口属贵州省，再入广西境。八洛以上称都柳江，全长 330km，落差 1176m，平均比降 3.56‰，流域面积 $11586km^2$，都柳江支流南岸支流较小，北岸较多、较大，均发源于苗岭山脉南麓；流域面积 $1000km^2$ 以上的支流有双江、寨蒿河及其支流平江。

打狗河为柳江一级支流龙江上游，发源于三都县三洞乡石蜡，于涝村以下进入广西，跨独山、三都、荔波等县，流域面积 $4184km^2$，河长 139km，落差 557m，平均比降 5.6‰。流域地势西北高东南低，河源较平缓，处于分水岭区；龙王洞以下穿行于丘陵区，河流平缓，傍河有荔波盆地；至朝阳后进入深切峡谷，滩险流急。区内有大面积的喀斯特灰岩山地、峰林谷地、深切峡谷及伏流河段组成的喀斯特地貌，主要支流为樟江。

7.1.2 水系结构特点

选取指数来描述水系形态、结构特点，同时也静态的描述贵州省的结构连通性。选取的指标见表7.1-1，包括河频率、河网密度、河网发育系数、水系成环度、节点连接率、网络连接度、结构连通性、盒维数、曲度共9个指标，这些指标可以表示河网的数量特征、结构特征、复杂度和结构连通性[89-94]。

表7.1-1　水系形态表示方法

参数分类	指标参数	单位	代表意义
数量特征	河频率	条/km^2	河流数量发育情况，区域内河流数量和区域面积的比值
	河网密度	km/km^2	河流长度发育情况，区域内河流总长度和区域面积的比值
结构特征	河网发育系数		干支流的发育情况，支流长度与干流长度的比值
	曲度		河流的弯曲程度
复杂度	盒维数		河网水系分布的复杂性
结构连通性	水系成环度		河网水系节点形成环路存在程度
	节点连接率		河网水系节点连接难易度
	网络连接度		表示河网的连接程度
	结构连通度		区域内各节点依靠河道相互连接程度

各项指标的详细计算公式如下：

1. 数量特征

（1）河频率 D_f：

$$D_f=\frac{N_R}{A} \tag{7.1-1}$$

式中：N_R 为区域内河流的数量，条；A 为区域面积，km^2。

（2）河网密度 D_R：

$$D_R=\frac{L_R}{A} \tag{7.1-2}$$

式中：L_R 为区域内河流的总长度，km；A 同式（7.1-1）。

2. 结构特征

（1）河网发育系数 K_ω：

$$K_{\omega}=\frac{L_{\omega}}{L_{0}} \tag{7.1-3}$$

式中：L_{ω} 为区域内 ω 级河流的长度，km；L_0 表示干流的长度，km。

（2）曲度 R_C：

$$R_C=\frac{l_R}{S} \tag{7.1-4}$$

式中：l_R 为区域内河流干流起止端点的河长，km；S 为河流干流起止端点的直线距离，km。

3. 复杂度

使用分形维数来描述河网空间分布的复杂度，其中盒维数 D 是最常用的方法之一。

$$D=\lim_{r\to 0}\frac{\lg N_r}{\lg r} \tag{7.1-5}$$

其代表的意义是，用单个格子边长为 r 的网格和河网进行叠加，有河网的格子的数目为 N_r，当 $r\to 0$ 时，按式（7.1－6）计算即可得到河网的盒维数。在实际计算中，对式（7.1－6）进行变形，得到式如下：

$$\lg N_r=-D\cdot\lg r+C \tag{7.1-6}$$

取有限个数的 r，统计其对应的 N_r，并用直线拟合点系列 $[r,N_r]$，则直线斜率的绝对值就是河网的盒维数[95-96]。

4. 结构连通性

（1）水系成环度 α：

$$\alpha=\frac{L-N+1}{2N-5}\quad(N\geqslant 3,\alpha\in[0,1]) \tag{7.1-7}$$

（2）节点连接率 β：

$$\beta=\frac{2L}{N}\quad(\beta\in[0,6]) \tag{7.1-8}$$

（3）网络连接度 γ：

$$\gamma=\frac{L}{3(N-2)}\quad(\gamma\in[0,1]) \tag{7.1-9}$$

（4）结构连通度 C：

$$C=\frac{L_R/R_C}{\sqrt{N\cdot A}} \tag{7.1-10}$$

式(7.1-8)~式(7.1-10)中:L 为连接线条数量;N 为节点数量;其他变量同前述公式。

7.1.2.1 数量特征

贵州省内流域面积大于 50km² 的河流有 1059 条,其中流域面积大于 300km² 的河流有 167 条,流域面积大于 1 万 km² 的河流有 7 条。

贵州省河网密度为 0.55km/km²,河网密度较大,河网分布呈现东密西疏的布局。在计算河网密度时发现,提取河网时的汇流阈值对河网密度影响很大,河网密度和水系提取阈值的关系见图 7.1-1。可以看出,贵州省河网密度和水系提取阈值呈现幂函数的变化关系,在提取阈值较小时,随着提取阈值的增大,贵州省河网密度快速减小;当提取阈值达到 5km 以后,随着提取阈值的增大,贵州省河网密度的变化开始变得平缓。最终拟合提取阈值和贵州省河网密度的函数关系式为 $y=0.8556x^{-0.447}$,曲线拟合效果很好,$R^2=0.9968$。

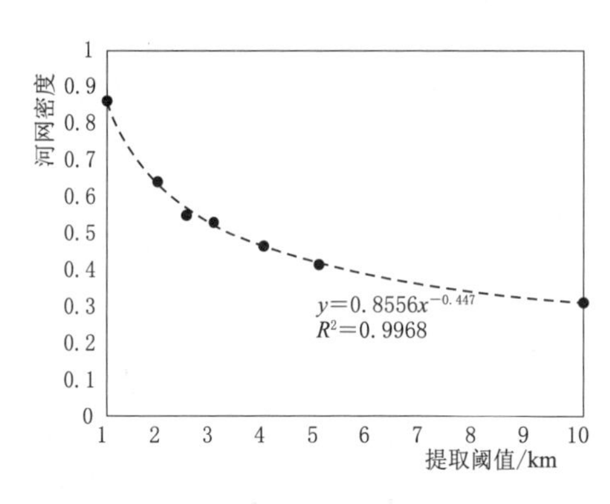

图 7.1-1 河网密度和水系提取阈值关系图

7.1.2.2 结构特征

在提取水系时对河网进行分级处理,最终根据 Horton 分级将贵州省水系综合划分为 5 级,计算每一级河流的总长,使用式(7.1-3)计算河网发育系数得:$K_{w1}=18.7$,$K_{w2}=9.55$,$K_{w3}=4.56$,$K_{w4}=3.46$。可以看出,贵州省水系的河网发育情况非常好,1 级、2 级支流的发育系数达到了 9 以上,表明流域支流的总长度远大于干流总长度,体现了水系较强的径流条件能力。

计算得到乌江曲度为 1.83,赤水河曲度为 2.76,横江曲度为 1.56,沅江曲度为 1.79,北盘江曲度为 1.4,南盘江曲度为 1.46,红水河曲度为 1.77,柳江曲度为 1.64,最终计算出,贵州省整体曲度为 1.78,省内长江水系曲度为 1.98,珠江水系曲度为 1.57。可以看出,贵州省整体水系弯曲程度比较大,其中长江水系的河流更为弯曲。

7.1.2.3 复杂度

为了计算表示河网复杂度的分形维数——盒维数,需要在 GIS 中对数字河网进行处理。将前述提取的水系导入 ArcMAP 中,进行要素转栅格处理,其中输出像元大小即为计算盒维数需要的格子边长 r,本次计算设置 r 初始值为 500,间隔为 500,共 20 组不同大小的格网,再统计对应 r 的栅格河网的栅格数目，即为 N_r。按照式（7.1-6），取 r 和 N_r 的对数，并用直线拟合，拟合结果见图 7.1-2。

从图中可以看出，拟合的关系式为 $y=-1.6608x+10.009$，$R^2=0.9872$，直线拟合情况很好，计算得贵州省水系盒维数为 1.66。同时可以考虑提取阈值对盒维数计算结果的影响，重复上述计算盒维数的步骤，得到不同提取阈值下得到的贵州省水系河网的盒维数，绘制提取阈值和盒维数的关系图见图 7.1-3。

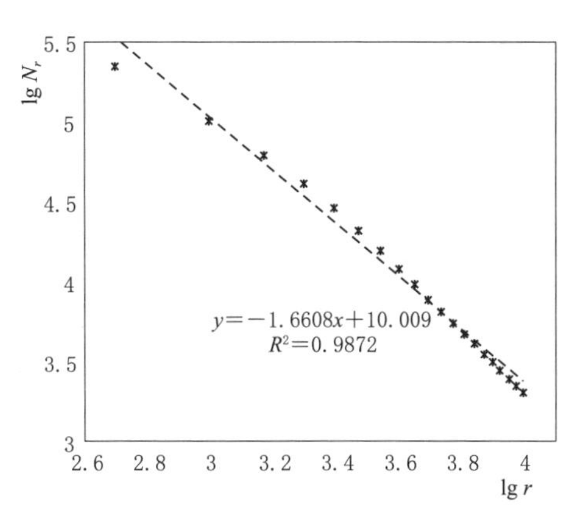

图 7.1-2 贵州省水系河网 r 和 N_r 关系图

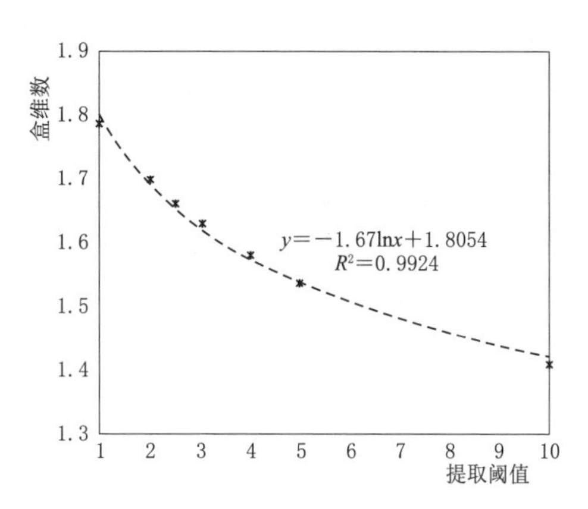

图 7.1-3 水系提取阈值和盒维数的变化关系

从图 7.1-3 中可以看出，贵州省水系河网的复杂度随着水系提取阈值的增大，先快速减小，再缓慢变化，两者的变化关系可以用对数函数表示，关系式为 $y=1.67\ln x+1.8054$，R^2 达到 0.9924。随后再计算出贵州省内八大流域的盒维数（见图 7.1-4），图 7.1-4 中左侧为长江流域的水系，右侧为珠江流域的水系，最终得到乌江水系的盒维数为 1.193，沅江水系的盒维数为 1.194，赤水河、綦江水系的盒维数为 1.176，横江、牛栏江水系的盒维数为 1.187，北盘江水系的盒维数为 1.191，柳江水系的盒维数为 1.188，红水河水系的盒维数为 1.196，南盘江水系的盒维数为 1.192；其中复杂度最大的是红水河水系，最小的是赤水河、綦江水系。可以看出流域面积大的水系盒维数比较大，即复杂度会比较高（乌江水系、沅江水系），但是水系的复杂度和流域面积没有直接的关联，红水河水系流域面积在八大流域中排第 6，但是其水系盒维数最大，复杂度最高，赤水河、綦江水系流域面积在八大流域中排第 5，其水系盒维数最小，复杂度却是最低的。

同样，计算得到六冲河和濛阳河的盒维数均为 1.01。综合对比可以发现，从流域角度来看，流域面积的差异不能反映河网空间分布的复杂程；从整个省份的角度来看，将多个流域考虑到一起，河网水系的空间分布复杂程度就

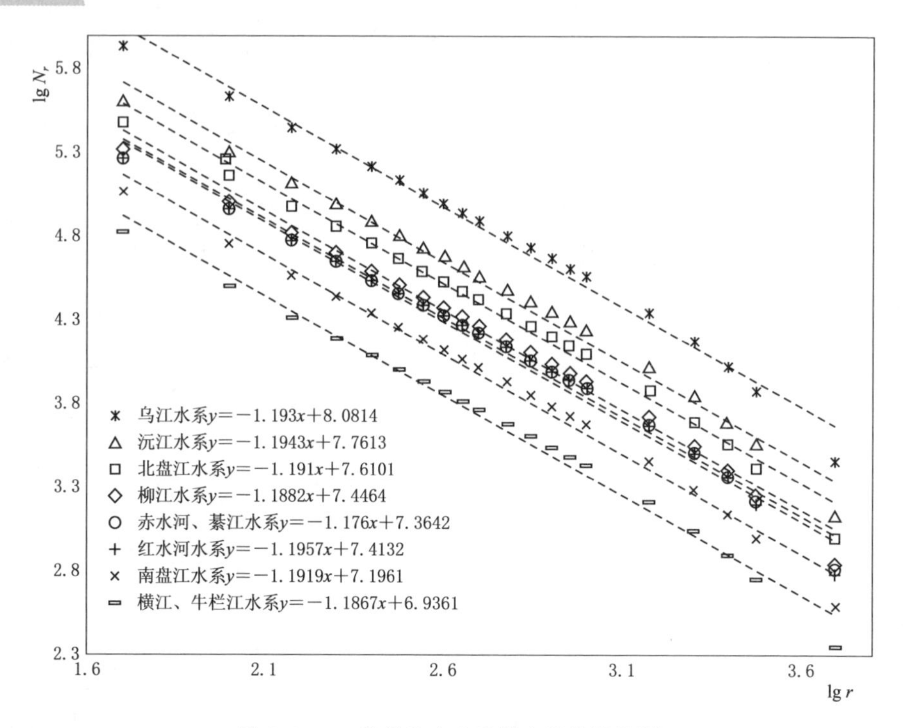

图 7.1-4 贵州省八大流域盒维数计算图

要明显大于单个流域的情况，盒维数的增加很明显。

7.1.2.4 结构连通性

统计贵州省数字河网的河段数量和汇流节点数量，计算结构连通指数，结果为 $\alpha=0.0045$，$\beta=2.02$，$\gamma=0.34$，$C=0.58$。从 α 指数可以看出，贵州省河网中节点形成环路的情况不存在，呈现出典型的山区树状河网的特点；从 β 指数可以看出，河网中不同节点间的连接程度也较低（$0\leqslant\beta\leqslant6$），一方面是因为自然河网汇流方向、干支流交汇明确，一个汇流点往往对应一条支流；另一方面也是从贵州省整体出发时，省内八大流域的水系本身不存在水量交换，使得大量的汇流点之间不可能有连接的机会。γ 指数为 1 时表明河网每个节都可以相互连接，河网的连通度很高，而当 γ 值接近 1/3 时，表明网络呈树状，贵州省的网络连通度为 0.34，再次体现其典型的树状结构河网，但也表明贵州省水系河网的结构连通度相对较低；C 指数是一种河网结构连通情况的表示方法，通过 C 指数可以看出贵州省整体水系连通度偏低。

综合分析来看，贵州省整体水系是典型的树状水系，省内水系发育情况很好，支流数量多、河道长，河网密度较大；同时，贵州省水系河网复杂度较高，水系弯曲程度较大。但是，由于是自然河网，水系间没有水量交换，没有考虑调水、廊道等情况，整体水系的连通度较低。

7.2 贵州省河流连通性评价

7.2.1 连通性评价指标

河流破碎度指数（degree of fragmentation，DOF）是 Grill 等[97] 在研究全球河流连通性时提出的一个指标，可以表示水电站等人为屏障导致纵向连通性降低的幅度和空间范围。河流破碎度指数通常衡量的是河网被水力发电和灌溉大坝等基础设施纵向破碎的程度。破碎化阻碍了依赖于纵向河流连通性的有效生态过程，包括有机和无机物的运输以及水生和河岸物种的上下游运动。

DOF 确定了大坝上游和下游的河流是破碎的，并根据不同河段与大坝的“距离”分配破碎程度。DOF 范围从 0%（无碎片影响）到 100%（完全分散），根据 DOF 指标的判断结果，河段（上游、下游）离大坝距离越远，DOF 值越小，破碎效应越小，即连通性越好。DOF 计算公式如下：

$$DOF_j = 100 - \left| \lg d_{\mathrm{dam}} - \lg d_j \right| \cdot \frac{100}{\lg d_r} \tag{7.2-1}$$

式中：DOF_j 为 j 河段的河段破碎化程度指标；d_{dam} 为河段上水电站坝址处多年平均流量，m^3/s；d_j 为河段 j 自然状态下的多年平均流量，m^3/s；d_r 是最大流量倍数，超过这个范围，将不会产生碎片化效应（根据相关研究表明，$d_r=5$ 结果较为合理）。

DOF 的计算公式中，核心理念是河段天然流量和坝址处多年平均流量的比值，建立河段天然流量和坝址处流量的关系，从而评估大坝对河流的破碎化影响。但是在计算过程中忽视了建坝前后流量的变化，未考虑到建坝之前的河流自然情况。因此，本书在破碎度指数 DOF 的基础上进行改进，考虑建坝前后的流量变化，定义为河流破碎度指数（river fragmentation index，RFI），计算公式如下：

$$RFI_j = \begin{cases} 1 - \left| \dfrac{Q_j - Q_2}{Q_j - Q_1} \right| & , Q_j < Q_2 \\ 1 & , Q_2 \leqslant Q_j \leqslant Q_1 \\ 1 - \left| \dfrac{Q_j - Q_1}{Q_j - Q_2} \right| & , Q_1 < Q_j \end{cases} \tag{7.2-2}$$

式中：RFI_j 为河段 j 的河流破碎度指数，$0 \leqslant RFI_j \leqslant 1$，当 $RFI_j = 0$ 时表明河段受大坝影响较小，河流无破碎程度，河流水系连通程度高，当 $RFI_j = 1$ 时表明河段受大坝影响很大，河流破碎化程度高，河流水系连通情况极差；Q_j

为河段 j 的年平均流量，m^3/s；Q_1 为建坝前坝址处河流多年平均流量，m^3/s；Q_2 为建坝后坝址处多年平均流量，m^3/s。此处认为，一般情况下大坝建设会使坝址处多年平均流量减少；当 $Q_j=Q_2$ 时，说明此处河段为大坝建设处，当 $Q_j=Q_1$ 时，表明受大坝影响，河流流量在下游河段 j 处达到了建坝前坝址处天然流量的水平，体现大坝对河流的严重影响，因此在 $Q_2 \leqslant Q_j \leqslant Q_1$ 区间内，认为河流被严重阻隔，河流水系连通情况极差。

在计算 DOF 和 RFI 时，需要将河流分段，运用河段流量得到每一河段的 DOF 值或 RFI 值，从而分析大坝对河流的影响，即破碎情况。由于缺少贵州省内河流的栅格流量数据，而河道上水文站点相对分散，数量不足以分析河流整体破碎情况，选用分布式水文模型进行模拟计算，得到多个节点流量，以此计算评价指标值，分析河流连通性。本次计算选用的是美国陆军工程师兵团的水文工程中心研发的 HEC-HMS 水文模型。

结合现有资料，计算 DOF 或 RFI 值，分析流域水系连通情况，研究区域选为处于喀斯特地貌发育较强地区的六冲河流域（位于长江流域，为乌江支流），以及喀斯特地貌发育较弱的㵲阳河流域（位于长江流域，为沅江支流）。其中六冲河主要考虑洪家渡水电站（为多年调节，以发电为主）的影响，电站位于六冲河下游，靠近河流出口，有毕节、大方、赫章、纳雍、黔西、水城、织金七个气象站，出口控制断面流量资料为 2005—2008 年洪家渡水电站日入库流量；㵲阳河主要考虑红旗水电站（为年调节，以发电为主）的影响，水电站位于流域中游，有余庆、黄平、施秉、三穗、镇远、岑巩、玉屏七个气象站，出口控制断面资料为 2005—2008 年玉屏水文站日径流。

7.2.2 HEC-HMS 模型介绍

HEC-HMS 模型是由美国陆军工程兵团水资源局的水文工程中心研发的一套关于水利方面的应用软件。该模型是一个具有物理概念的分布式水文模型（模型概化图见图 7.2-1），模型可模拟流域系统完整的水文过程；HMS 模型包括了很多传统的水文分析过程，如入渗、水文单位线、洪水演进等，同样也包括了在长期水文模拟中重要的水文过程，如蒸散发、融雪计算、土壤水分核算等[98]。模型的大致计算思路为将研究流域划分成若干子流域，计算每一个子流域的产流、汇流，然后演算至流域出口断面。

HMS 模型主要由四个模块组成，分别是代表了模型中流域物理描述的流域模块（basin models），用于为模型中所有子流域分配降水数据的气象模块（meteorologic models），设定模型模拟运行的时间间隔和时间步长的控制运行模块（control specifications），以及输入降雨、径流等的时间序列数据模块（time-series data）。

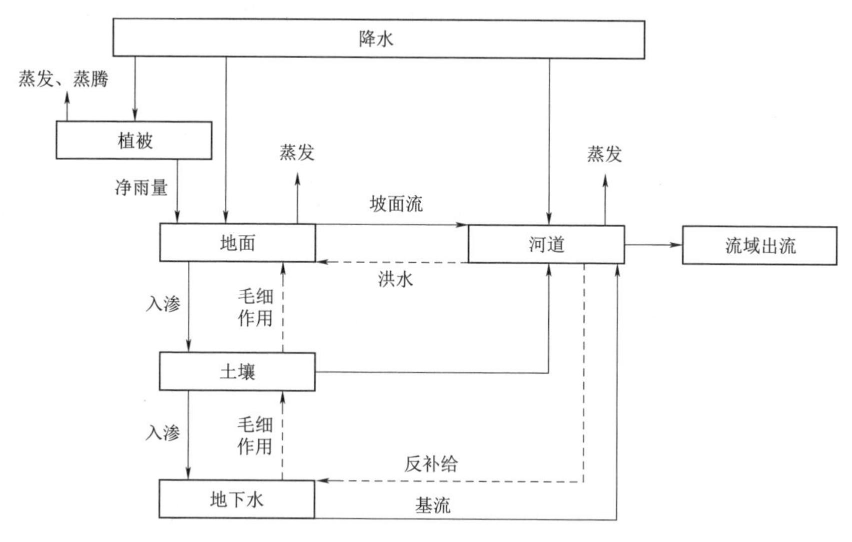

图 7.2-1 HEC-HMS 模型概化图

流域模块是 HEC-HMS 模型工程项目中流域的物理描述，填充目标流域模块中全部的必要信息，也是模型正常运行的基础。该模块需在 ArcMap 中运用 HEC-geoHMS 插件对数字高程（DEM）文件进行处理，生成相关文件。流域模块主要组成元素包括子流域、流域出口、河网汇流处和河道组成，部分元素有不同的计算模型和参数，参数输入也是在流域模块中进行。其中子流域单元包含产流、直接径流和基流的计算模型及参数，河道进行洪水演进的计算及参数选择。

气象模块用于储存各子流域的降雨、融雪、蒸发等气象数据，是工程项目中不可或缺的重要输入部分。气象模块为各个子流域创建气象边界条件，以降雨单元为例，HEC-HMS 模型的气象模块包含雨量站权重法、暴雨频率法、反距离平方法、栅格降雨输入法、标准工程降雨法等多个降雨分布输入方法。例如雨量站权重法表达降雨分布，则通过泰森多边形法划分雨量站控制流域的多边形，在气象模块中输入控制各子流域的雨量站及权重值；暴雨频率法，则通过历史降雨数据的按照降雨量大小顺序在列表中排序，计算超越概率并选择所需的降雨输出类型；反距离平方法是以雨量站和插值点之间距离平方的倒数作为权重，若插值点离雨量站越近，则权重越大，一般来说此方法可用于实时的预报系统。

控制模块用于输入降雨径流事件的起始时间和结束时间的日期、时刻和时间步长，时间步长从 1min 到 1d 均可。

时间序列数据模块主要存储水文站的流量数据和雨量站的降雨数据供随

时调用，均以时间序列的方式储存在模块中，在时间窗口选项卡输入时间数据和降雨径流数据。

HEC-HMS模型包含四种计算模块，分别是产流模块、直接径流模块、河道洪水演进模块和基流模块，每个模块都有多种计算方法。

产流模块在HEC-HMS模型中被简化，暂不考虑毛细管力引起土壤水在包气带中的垂向运动。产流模块中不同的计算方法，也就是不同的产流模型侧重的参数不尽相同，但主要考虑的是降雨事件发生时，冠层截流、入渗及蒸散发等导致的雨量损失，各流域下垫面情况不同，考虑的重点也不同。

直接径流模块的计算属于径流过程，指在降雨过程中，经过冠层截流、入渗等产生径流，径流会合至流域出口的过程，包括壤中流和地表径流两个部分。HEC-HMS模型的主要计算方法分为传统的单位线模型方法和概念性的运动波方法。

河道洪水演进模块是将上游的流量过程线作为边界条件，通过模型切割成河段的蓄泄关系，也就是在控制体中水量进出的水量平衡原理，将河段控制体上游断面入流量根据模块中特定的计算方法推算出下游断面出流量。

基流模块的模拟过程是指计算持续存在的浅层地下水对地表水定量的补给情况。HEC-HMS模型各计算模块主要计算方法见表7.2-1。

表7.2-1　　HEC-HMS模型各计算模块主要计算方法

产流计算方法	直接径流计算方法	基流计算方法	洪水演进计算方法
初损稳渗法	经验单位线	月常数法	运动波法
SCS曲线法	Clark单位线	指数衰减法	滞后演算法
栅格SCS曲线法	Snyder单位线	线性水库法	改进Plus法
格林-安普特损失法	SCS单位线		马斯京根法
盈亏常数法	修正Clark单位线		Muskingum-Cunge法
土壤湿度法	运动波法		
栅格土壤湿度法			

7.2.2.1 HEC-HMS模型计算方法选择

本书主要运用HEC-HMS模型进行径流过程的模拟，因此在方法选择上有区别于一般的洪水模拟；根据前期计算实验，最终选择初损稳渗法、Snyder单位线、月常数法和马斯京根法的组合进行计算。

1. *初损稳渗法*

初损稳渗法将总体的降雨损失分为两块：初损部分和后损部分。当暴雨事件开始发生时，植被冠层截流、填洼、土壤下渗等原因导致降雨量的损失且无径流形成，损失的降雨量称为初损，初损与实际研究区域的冠层覆盖度、地形地貌、土壤湿度和土壤类型等相关；降雨积累到一定程度后会形成径流，后损则是开始产生径流后在土壤持续稳定下渗的雨量损失，主要参数为稳定渗透率；若在城市区域进行模拟，还需要输入参数不透水百分比。

2. Snyder 单位线

Snyder 于 1938 年通过推导美国无资料地区阿巴拉契亚高地流域的分析方法时设计出了一种用参数表达单位线的方法，并且提供了根据流域特征值估算单位线参数的数学关系方程，三个重要的流域特征值包括洪水历时 t_R、洪水最大流量 Q_p 和洪峰延迟时间 t_p。其中流域洪峰滞时与降雨历时的关系如下：

$$t_p = 5.5 \times t_R \tag{7.2-3}$$

式中：t_p 是产流净雨质心与单位线峰值的时间之差。

Snyder 又发现流域中单位面积单位降雨量所表达的单位线滞时和洪峰的数学关系如下：

$$\frac{Q_p}{A} = K \cdot \frac{C_p}{t_p} \tag{7.2-4}$$

式中：Q_p 为单位线洪峰峰值；A 为研究流域面积；K 为转换常数，作为国际单位时为 2.75；C_p 为单位线的综合雨峰位置系数。

3. 马斯京根法

马斯京根法利用水量平衡原理与河段中的蓄泄关系，将河段内上断面入流过程演算成下断面出流过程。马斯京根法已十分成熟，被广泛应用，且参数少，容易率定。

水量平衡方程如下：

$$2(S_2 - S_1) = \Delta t(I_1 + I_2) - \Delta t(O_1 + O_2) \tag{7.2-5}$$

槽蓄曲线方程为：

$$S = K[IX + O(1 - x)] \tag{7.2-6}$$

式中：S_1 和 S_2 分别为计算时段开始和结束时的蓄水量；S 为河段总的蓄水量；Δt 为间隔时间；I_1 和 I_2 分别为河段上游开始和结束时的入流量；O_1 和 O_2 分别为河段下游开始和结束时的出流量；K 为洪水波通过该河段的运动时间，即槽蓄系数；x 为流量比重因子（$0 \leqslant x \leqslant 0.5$）。

式（7.2-5）、式（7.2-6）联立可得马斯京根公式：

$$O_2 = I_2 C_1 + I_1 C_2 + O_1 C_3 \tag{7.2-7}$$

其中

$$\begin{cases} C_1 = \dfrac{-2Kx + \Delta t}{2K - 2Kx + \Delta t} \\ C_2 = \dfrac{2Kx + \Delta t}{2K - 2Kx + \Delta t} \\ C_3 = \dfrac{2K - 2Kx - \Delta t}{2K - 2Kx + \Delta t} \end{cases} \tag{7.2-8}$$

7.2.2.2　HEC - HMS 模型构建

(1) 流域板块。本书以六冲河和瀑阳河两个流域为主要研究对象，DEM 数据来自于地理空间数据云 ASTER GDEMV2 产品 30m 分辨率的高程数据集。选择流域所在区域 DEM，裁剪至比流域稍大区域，在 ArcMap 中使用 HEC - geoHMS 插件进行填洼、流向、汇流、流域划分及河网提取，最终获得的子流域及河网见图 7.2 - 2。获得流域河网图后，继续使用 HEC - geoHMS 插件生成域特性，主要包括河道长度、河源至河口最长河长、流域质心，质心高程、流域质心以下河长、坡降等，随后生成产汇流节点，选择计

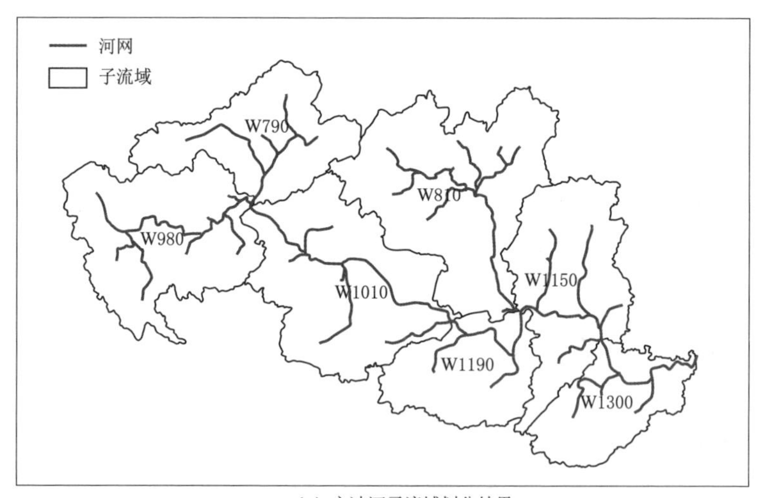

(a) 六冲河子流域划分结果

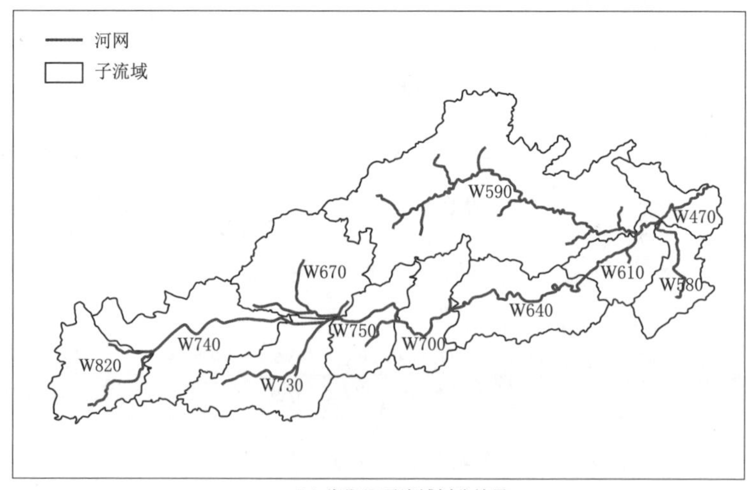

(b) 瀑阳河子流域划分结果

图 7.2 - 2　六冲河和瀑阳河流域河网及子流域划分结果

算产汇流时的方法，最终生成 HEC - HMS 计算所需的相关文件（主要是流域板块的“. basin”文件）。在 HEC - HMS 模型中打开生成的文件，模型的流域板块即生成成功。

（2）时间序列板块。在 HEC - HMS 模型中，添加时间序列板块，需要新建的文件包括各个雨量站和流量站，在生成的站点下，输入相关的时间序列数据即可。输入时间序列的方法可以是直接复制添加，也可以借助 HEC - DSSVue 软件导入。

（3）气象板块。构建气象模块需要对雨量站控制面积进行分配，从而换算得到子流域的面降雨量，本书使用泰森多边形面雨量处理方法来确定雨量站在各个子流域中所占的面积权重。在 ArcGIS 中利用子流域矢量数据和雨量站点位置信息，运用相关工具对流域进行划分、分配，根据各雨量站所占面积计算权重。在 HEC - HMS 模型中，录入对应的各雨量站降水序列以及计算雨量站权重即可。

（4）控制板块。在 HEC - HMS 模型中新建控制板块，设定计算的起止时间及时间间隔即可。

7.2.3 连通性结果分析

7.2.3.1 HEC - HMS 模拟结果分析

1. 优化方法及目标函数

HEC - HMS 模型自带有单变量梯度搜索法和单纯性法两种优化方法，单变量梯度搜索法每次计算单个参数，需要多次迭代修正从而得到最佳参数；单纯形法优化过程较为简单、迅速，对所需参数直接进行寻优，确定合理的参数估计，拒绝错误的参数估计，无需计算目标函数的导数即可求得最优值。由于单纯形法可以同时对所有参数进行率定，效果较为精确，且可同时显示所有参数对模型模拟结果的作用，本书以单纯性法作为优化方法。

HEC - HMS 模型有多种目标函数，包括一阶滞后自相关、绝对残差、平方残差、权重均方根误差、百分比误差、均方根误差、纳什系数等，本书使用纳什系数作为目标函数，确定优化参数和径流模拟结果。纳什系数计算公式如下：

$$NSE = 1 - \sum_{t=1}^{T} \frac{(Q_s^t - Q_0^t)^2}{(Q_0^t - \overline{Q}_0)^2} \tag{7.2-9}$$

式中：NSE 为纳什系数；Q_s^t 为在 t 时刻模拟流量；Q_0^t 为 t 时刻实测流量；$\overline{Q}_0$ 为 T 时间段内实测流量平均值。

根据《水文情报预报规范》(GB/T 22482—2008)，NSE 在 0.9 以上精度为甲等，在 0.7～0.9 之间为乙等，在 0.5～0.7 之间为丙等。

2. 参数率定结果

模拟计算时，在前期处理中将六冲河划分为 7 个子流域，共生成 14 个节点，㵲阳河划分为 11 个子流域，共生成 9 个节点。分别以两个流域的出口控制断面为标准，以纳什系数为目标函数，选用单纯形法进行优化。

在进行参数优化时，分为产流、直接径流和河道演进 3 个板块，参数优化具体步骤如下：输入各个计算模块的参数初值，先对产流模块参数进行优选计算，将优选值替换初值，再依次对直接径流和河道演进参数进行优化，不断循环计算并用优化后参数替换之前的参数，直至出口断面径流模拟纳什系数达到最大。同时，在日序列径流模拟时，每一年的降水等气候条件会有不同，导致土壤含水量等下垫面条件不同，在每一年模拟计算时，均需对参数进行优化调整。

3. 径流模拟结果

六冲河与㵲阳河 2005—2008 年出口控制断面径流模拟结果见图 7.2-3 和图 7.2-4。

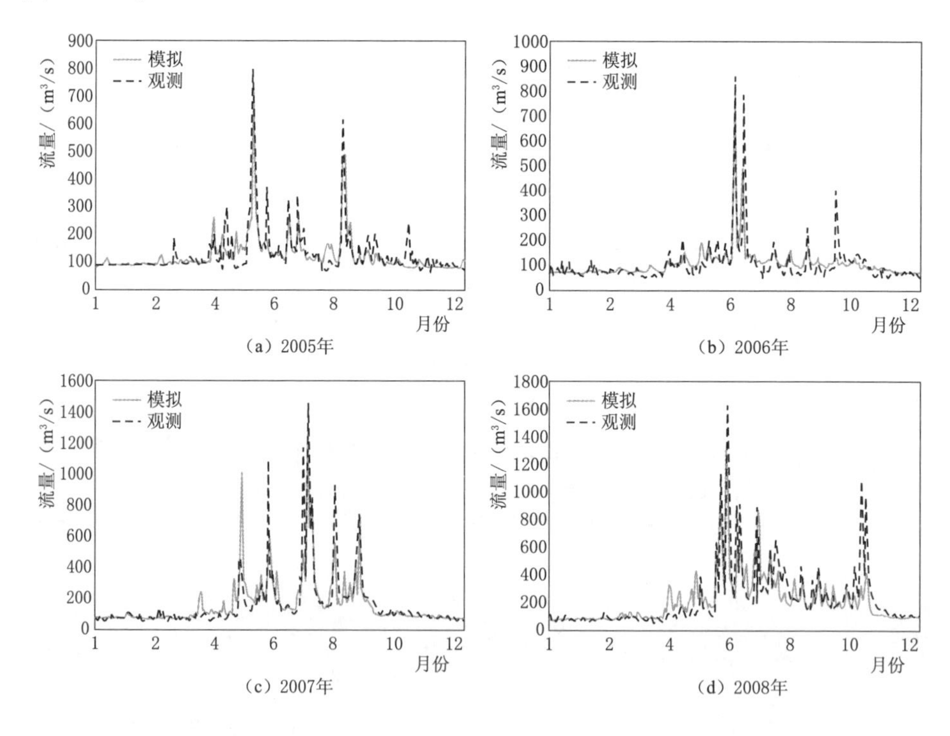

图 7.2-3 六冲河径流模拟结果图

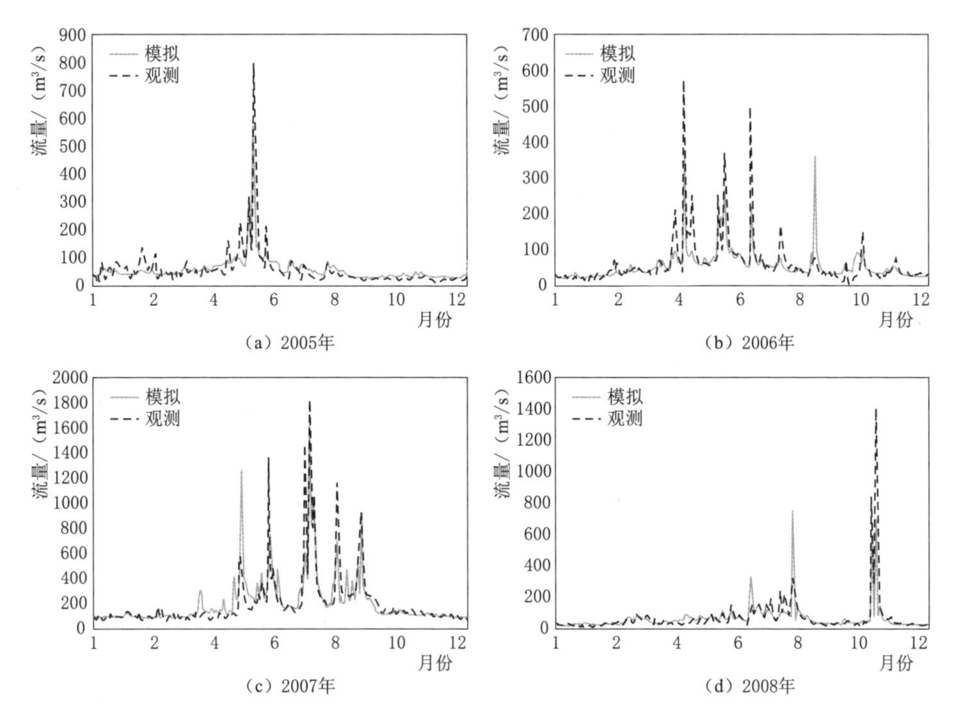

图 7.2-4 㵲阳河径流模拟结果图

由表 7.2-2、表 7.2-3 可知，径流模拟纳什系数基本在 0.65 左右，精度在乙等和丙等，整体模拟结果一般。径流模拟结果也反映出 HEC-HMS 模型的缺陷，在中国部分地区，特别是地形复杂如喀斯特地貌地区应用结果较差，还需改进。模型在有单峰值洪水的径流过程模拟中效果比有多峰值洪水径流过程模拟时效果要更好；同时，在单独模拟洪水过程时，模拟精度也比模拟完整年份的径流过程效果要好。但是计算 DOF 用到的是年平均流量，径流模拟结果在年平均径流上误差较小，因此结果可作为参考值，用作水系连通情况分析。

表 7.2-2　　六冲河 2005—2008 年径流模拟结果

年份	类别	峰现时间	洪峰流量/(m^3/s)	洪峰相对误差/%	径流深/mm	径流深相对误差/%	百分比偏差/%	纳什系数
2005	实测	6月5日	803.7	−9.03	298.75	−2.68	−2.84	0.642
	模拟	6月6日	731.1		290.73			
2006	实测	7月1日	863	−8.31	240.89	4.82	4.79	0.779
	模拟	7月1日	791.3		252.49			

续表

年份	类别	峰现时间	洪峰流量/(m^3/s)	洪峰相对误差/%	径流深/mm	径流深相对误差/%	百分比偏差/%	纳什系数
2007	实测	7月31日	1458.9	11.30	374.79	3.30	3.31	0.724
	模拟	7月31日	1294		387.17			
2008	实测	6月23日	1624	22.17	502	−1.63	−1.76	0.665
	模拟	6月23日	1264		493.83			

表7.2-3 㵲阳河2005—2008年径流模拟结果

年份	类别	峰现时间	洪峰流量/(m^3/s)	洪峰相对误差/%	径流深/mm	径流深相对误差/%	百分比偏差/%	纳什系数
2005	实测	6月7日	795	28.16	308.15	6.77	6.61	0.769
	模拟	6月7日	571.1		329.01			
2006	实测	5月6日	573	34.43	330.67	−10.18	−10.15	0.556
	模拟	5月7日	375.7		297.01			
2007	实测	7月27日	1800	21.71	390.75	−3.38	−3.37	0.813
	模拟	7月28日	1409.3		377.56			
2008	实测	9月8日	1410	46.35	409.53	−3.97	−3.97	0.675
	模拟	8月18日	756.5		393.28			

7.2.3.2 河流DOF计算及连通性分析

根据径流模拟结果，获得六冲河14个节点、㵲阳河9个节点的径流过程，并计算年平均流量，作为河流天然情况下平均流量，结合式（7.2-1）和洪家渡、红旗电站坝址多年平均流量，计算六冲河和㵲阳河河道DOF，结果见表7.2-4和表7.2-5。

表7.2-4 六冲河节点年平均径流及DOF计算结果

河流分段	节点	2005年		2006年		2007年		2008年		多年平均	
		流量/(m^3/s)	DOF	流量/(m^3/s)	DOF	流量/(m^3/s)	DOF	流量/(m^3/s)	DOF	流量/(m^3/s)	DOF
上段	J144	41.23	33.88	32.14	18.41	47.37	42.50	87.87	80.90	52.15	48.48
	J158	41.22	33.87	32.14	18.41	47.37	42.50	87.88	80.90	52.15	48.48
	J160	41.22	33.87	32.14	18.41	47.37	42.50	87.88	80.90	52.15	48.48
中段	J162	41.22	33.87	32.14	18.41	47.37	42.50	87.88	80.90	52.15	48.48
	J156	58.43	55.54	47.85	43.13	64.02	61.22	107.51	93.43	69.45	66.28
	J171	58.42	55.54	47.85	43.13	64.02	61.22	107.51	93.43	69.45	66.28

续表

河流分段	节点	2005年		2006年		2007年		2008年		多年平均	
		流量/(m^3/s)	DOF	流量/(m^3/s)	DOF	流量/(m^3/s)	DOF	流量/(m^3/s)	DOF	流量/(m^3/s)	DOF
下段	J174	58.42	55.54	47.85	43.13	64.02	61.23	107.51	93.43	69.45	66.28
	J141	92.53	84.11	79.82	74.93	129.38	95.06	172.38	77.23	118.53	99.49
	J164	92.53	84.11	79.82	74.92	129.38	95.06	172.38	77.24	118.53	99.49
	J166	92.53	84.11	79.82	74.93	129.38	95.06	172.38	77.24	118.53	99.49
	J169	92.53	84.11	79.82	74.92	129.38	95.07	172.38	77.24	118.52	99.49
	J147	109.15	94.37	94.58	85.47	151.00	85.46	191.83	70.59	136.64	91.67
	J177	109.14	94.37	94.58	85.47	151.00	85.47	191.83	70.59	136.64	91.67
	J179	109.14	94.36	94.58	85.47	150.99	85.47	191.82	70.60	136.63	91.67

表 7.2-5 㵲阳河节点年平均径流及 DOF 计算结果

河流分段	节点	2005年		2006年		2007年		2008年		年平均	
		流量/(m^3/s)	DOF	流量/(m^3/s)	DOF	流量/(m^3/s)	DOF	流量/(m^3/s)	DOF	流量/(m^3/s)	DOF
上段	J111	6.87	4.81	5.87	0.00	6.29	0.00	9.74	26.51	7.20	7.67
	J97	12.08	39.86	10.93	33.67	11.57	37.20	17.08	61.37	12.92	44.02
	J100	10.23	29.54	19.03	68.11	10.39	30.50	9.53	25.11	12.30	40.96
中段	J106	15.51	55.40	22.84	79.42	15.24	54.31	13.97	48.89	16.89	60.69
	J103	21.00	74.21	26.66	89.03	20.19	71.77	18.43	66.09	21.57	75.87
	J114	26.56	88.80	30.64	97.68	25.27	85.72	23.13	80.23	26.40	88.44
下段	J128	26.56	88.81	30.64	97.69	25.27	85.73	23.13	80.23	26.40	88.44
	J122	35.42	93.31	38.85	87.55	36.65	91.18	36.72	91.06	36.91	90.74
	J119	52.39	68.97	52.05	69.39	59.29	61.29	57.10	63.63	55.21	65.72

六冲河上，节点J144、J158、J160为上游段，节点J162、J156、J171为中游段，节点J174、J141、J164、J166、J169、J147、J177、J179为下游段。由表7.2-4可知，六冲河整体受洪家渡水电站影响严重，表明河段破碎情况严重，连通性较差。洪家渡水电站所在下游段整体DOF值均很高，达到70以上；多年平均结果显示，六冲河下游DOF值高达90，说明下游段受洪家渡水电站影响，连通性很差，中上游情况较好，但也在一定程度上受到影响。根据多年平均结果，六冲河受洪家渡水电站阻隔，纵向连通性较差，越到下游临近洪家渡水电站段，连通性越差，受阻隔情况明显。

㵲阳河上，节点J111、J97、J100为上游段，节点J106、J103、J114为中

游段，节点J128、J122、J119为下游段。由表7.2-5可知，㵲阳河受红旗水电站影响较小，河流破碎情况较弱，连通性较好。红旗水电站所在中下游段，整体DOF值也较其他河段偏高，部分河段DOF值达到90，同时，受水电站影响，下游段DOF值比上游段DOF值更高，说明红旗水电站对下游的阻隔情况更为明显，连通性影响更大。

根据多年平均流量计算的DOF结果，确定河流连通性综合评价等级，并将河流连通性分为优秀、良好、中等、差四个等级，具体评价分级见表7.2-6（DOF值取河段内的最大值）。

表7.2-6　　连通性评价等级

连通性等级	优秀	良好	中等	差
DOF	0≤DOF≤30	30<DOF≤60	60<DOF<90	90≤DOF

两条河流主河道连通性评价结果为，六冲河上游段连通性为良好，中游河段连通性为中等，下游河段连通性为差；㵲阳河上游段连通性为良好，中游河段连通性为中等，下游河段连通性为中等偏差，连通性评价结果见图7.2-5和图7.2-6。

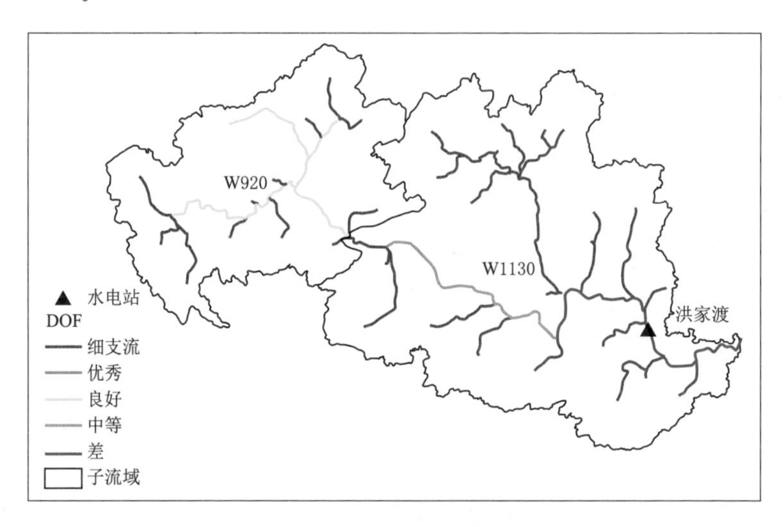

图7.2-5　六冲河连通性评价结果图

计算洪家渡电站1952—2008年年径流经验频率，划分丰、平、枯水年，其中2005年和2006年为枯水年，2007年为平水年，2008年为丰水年。根据六冲河2005—2008年计算结果来看，在径流量较少时，即在枯水年，河流连通性相对较好，受到水电站影响较小，如2006年是四年中流量最小的一年，从上游至下游，相比其他年份，整体DOF较小，上游河段连通性评级为优

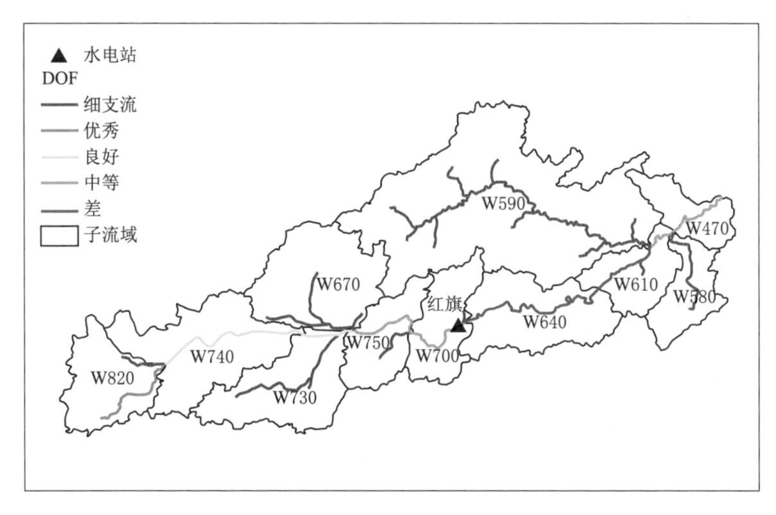

图 7.2-6 濉阳河连通性评价结果图

秀，中游为良好，下游为中等，连通性评级比综合评级要好；在径流量较大时，即在丰水年，水电站对河流连通性影响很大，整体河段破碎情况严重，如 2008 年为丰水年，从上游到下游整体 DOF 均在 70 以上，上游连通性为中等，中游连通性为差，下游连通性为中等，在丰水年，中上游纵向连通性受水电站影响严重，由于水量充沛，下游连通性情况有所好转；平水年河流连通性情况接近综合评价情况，上游连通性为良好，中游为中等，下游为差。总的来说，在枯水年，河流上游连通性受水电站影响较小，近似于天然状态，中下游受水电站影响较大，在丰水年，河道整体连通性较差，水电站对河道连通性的破坏效应明显，但是下游，由于水量充足，对河道连通性而言，水电站的阻隔作用有所缓解。

对比六冲河和濉阳河的情况，六冲河连通性更差，河道破碎情况比濉阳河严重。分析认为，洪家渡水电站是六冲河上重要大型电站，也是乌江流域梯级电站的龙头，为多年调节，调节能力强，因此，对六冲河纵向连通性破坏严重，特别是下游河段，河流受阻隔明显；濉阳河上的红旗电站，为中型电站，以发电为主，相对而言对濉阳河影响较小，濉阳河受阻隔情况较好，但是连通性也受到水电站影响。同时，两个流域结果均表明，水电站的修建对河流纵向连通性影响明显，特别是对下游河段阻隔作用更大。

7.2.3.3 河流 RFI 计算及连通性分析

运用上述数据资料，结合式（7.2-2）计算六冲河和濉阳河的 RFI 指数，通过 RFI 指数再次评估两条河流的连通性，并和 DOF 评估的结果进行对比，分析两种参数在评价河流连通性时的特点和优劣之处。计算得到的 RFI 结果见表7.2-7和表7.2-8。

表7.2-7 六冲河节点RFI计算结果

河流分段	节点	2005年	2006年	2007年	2008年	多年平均
上段	J144	0.26	0.24	0.27	0.46	0.29
	J158	0.26	0.24	0.27	0.46	0.29
	J160	0.26	0.24	0.27	0.46	0.29
中段	J162	0.26	0.24	0.27	0.46	0.29
	J156	0.31	0.27	0.33	0.69	0.35
	J171	0.31	0.27	0.33	0.69	0.35
下段	J174	0.31	0.27	0.33	0.69	0.35
	J141	0.50	0.40	1.00	0.51	0.97
	J164	0.50	0.40	1.00	0.51	0.97
	J166	0.50	0.40	1.00	0.51	0.97
	J169	0.50	0.40	1.00	0.51	0.97
	J147	0.72	0.52	0.86	0.37	1.00
	J177	0.72	0.52	0.86	0.37	1.00
	J179	0.72	0.52	0.86	0.37	1.00

表7.2-8 㵲阳河节点RFI计算结果

河流分段	节点	2005年	2006年	2007年	2008年	多年平均
上段	J111	0.25	0.24	0.24	0.27	0.25
	J97	0.29	0.28	0.29	0.36	0.30
	J100	0.28	0.39	0.28	0.27	0.30
中段	J106	0.33	0.48	0.33	0.32	0.35
	J103	0.43	0.61	0.41	0.38	0.44
	J114	0.61	0.88	0.56	0.49	0.60
下段	J128	0.61	0.88	0.56	0.49	0.60
	J122	1.00	1.00	1.00	1.00	1.00
	J119	0.40	0.40	0.30	0.32	0.35

使用RFI指标评价河流的连通性，分析水电站对河流的阻隔影响。由表7.2-10可知，洪家渡水电站对六冲河中上游的影响有限，几乎不会影响到中上游水流的自然流动，但是到下游河段，受洪家渡水电站影响，河流的破碎化情况加重，特别是临近洪家渡水电站处，河流连通性极差。由节点多年平均流量计算的RFI结果可知，洪家渡水电站对六冲河中上游的连通性影响较

小，RFI 指数值在 0.4 以下；但是至下游河段，洪家渡水电站对水流的阻隔作用开始凸显，严重影响河流的连通性，下游段 RFI 指数在 0.9 以上。由表 7.2-8 可知，红旗水电站对瀨阳河连通性有一定影响，河流破碎化程度整体较低，但是红旗水电站对瀨阳河连通性影响的范围较大；同样，在河流的上游源头处，河流的连通性几乎没有受到红旗水电站的影响，连通性较好，但是从中游开始，河流即开始出现破碎化的现象，连通性在变差，至下游段，瀨阳河连通性达到最差，但是在接近流域出口控制断面处，红旗水电站对瀨阳河连通性的影响开始减弱。根据计算得到河段 RFI 结果划分评价等级，见表 7.2-9。

表 7.2-9　　RFI 评价等级表

连通性等级	优秀	良好	中等	差
RFI	0≤RFI≤0.3	0.3<RFI≤0.6	0.6<RFI<0.9	0.9≤RFI≤1

从不同年份的结果来看，六冲河平水年（六冲河 2005 年和 2006 年为枯水年，2007 年为平水年，2008 年为丰水年）的连通性情况和多年平均结果一致，水电站附近连通性最差；在枯水年和丰水年连通性有所改善，具体的，枯水年，河流上游段连通性评价等级为优秀，洪家渡水电站附近连通性评价等级变为中等，丰水年下游水电站附近连通性等级变为优秀。瀨阳河的水量变化和六冲河一致，2005 年和 2006 年水量较少，2007 年水量中等，2008 年水量最多；2007 年连通性评价结果和多年平均一致，在水量较少的 2005 年和水量较多的 2008 年，连通性均有改善。以多年平均计算的结果为标准，根据评价等级，确定六冲河上游连通性为优秀，中游连通性为良好，下游连通性为差；瀨阳河上游连通性为优秀，中游连通性为良好（但是达到中等的临界值），下游的连通性为差。河流连通性评价结果见图 7.2-7 和图 7.2-8。

评价结果凸显了水电站对河流连通性的影响，体现出水电站对其临近范围内，特别是水电站大坝下游部分河段水流流动的阻隔效应，使河段破碎化。但是，由于水电站和河流级别的差异，使得水电站大坝对河流破碎化的效果存在差异。洪家渡水电站是乌江水电梯级开发的龙头电站，总库容为 49.47 亿 m^3，红旗水电站是中小型水电站，总库容为 5800 万 m^3，因而洪家渡水电站使部分河段严重破碎化，连通性极差，电站上游和下游的连通性都有明显影响，而红旗水电站对瀨阳河部分河段连通性的影响较弱，只在电站下游产生一定的影响。六冲河是贵州省内少有的流域面积超过 10 万 km^2 的河流，水资源量丰富，瀨阳河流域面积、多年平均年径流量都小于六冲河，因此，尽管洪家渡水电站对河流连通性的影响较大，但是其影响的范围相对于六冲河整条河流而言较小，红旗水电站对瀨阳河的连通性影响较小，但是其影响范

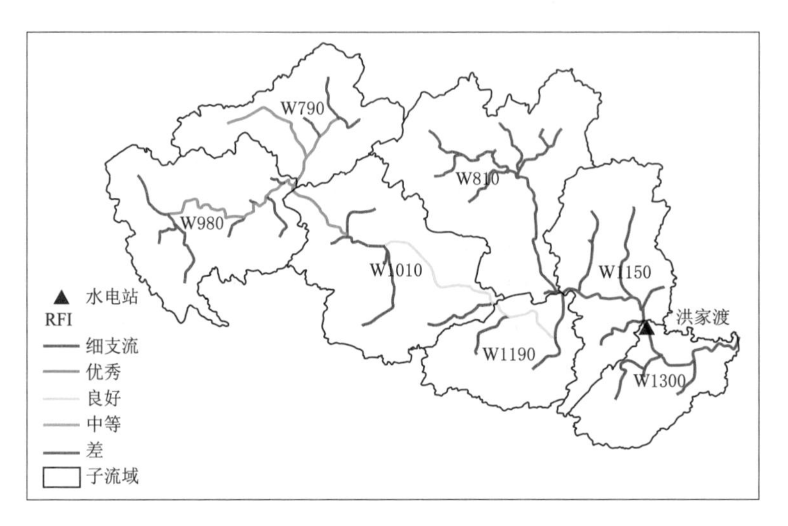

图 7.2-7 六冲河 RFI 连通性评价结果图

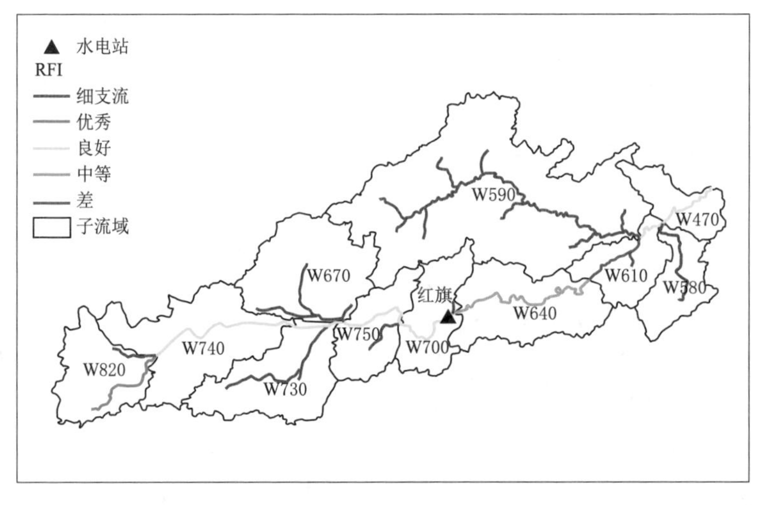

图 7.2-8 濞阳河 RFI 连通性评价结果

围在整个流域内较大。

7.2.3.4 评价结果对比分析

1. 同时期不同流域

将河流节点按从上游到下游的顺序进行编号，作为横坐标，分别绘制六冲河、濞阳河地区不同节点的 DOF 和 RFI 变化折线图（图 7.2-9 和图 7.2-10），对比分析 DOF 和 RFI 在评估河流连通性时的差异，其中图中的红线标注了水电站在河流中的大致地理位置。

从图 7.2-9 和图 7.2-10 中可以看出，从上游向河流下游发展，两种指标评价河流连通性的结果趋势是一致的，即河流源头部分连通性最好，受水电站影响较小，随着向水电站逐渐靠近，评价指标越来越高，河流破碎化程度越来越高，连通性越来越差；当越过水电站后，评价指标值在水电站下游某处到最大，表明水电站对水流的破碎效应达到最大，河流连通性最差；而再往下游远离坝址后，水电站的影响作用也开始减弱，连通性逐渐变好。分析认为，建设水电站需要修建大坝，形成一定的库区，减弱大坝上游库区部分流速，同时会使坝址下游一部分河段流量显著减少，因此水电站附近河段的破碎化程度最大，连通性最差；当远离大坝时，特别是往下游段方向行进，流域不断补充汇流，流量再次增大，河段连通性开始恢复。但是由于洪家渡水电站靠近六冲河出口处，因而连通性恢复变好这一过程在图 7.2－9 中体现不明显；而瀞阳河在下游出口断面之前，汇入一条主要支流，快速补充干流流量，因而瀞阳河下游段连通性变好的过程很快就体现出来。

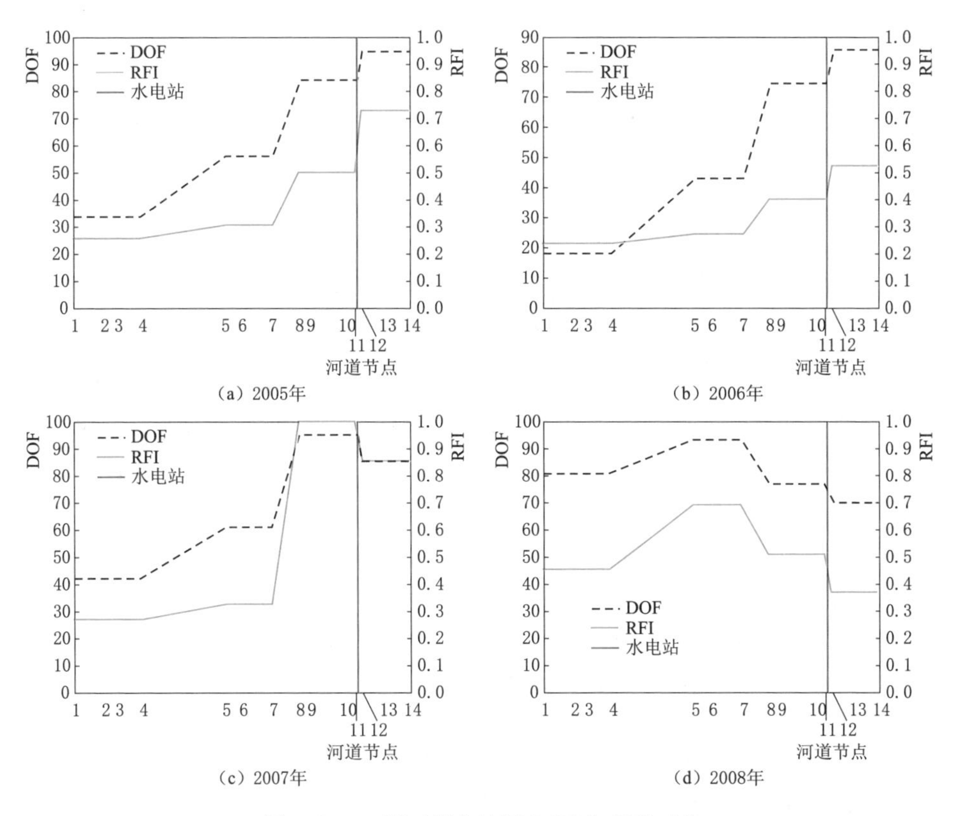

图 7.2－9 同时期六冲河 DOF 和 RFI 对比

由图 7.2－9 和图 7.2－10 可以明显地看到，RFI 评价河流连通性的结果值比 DOF 的评价结果值低一些，DOF 评价结果的过程线普遍高于 RFI 的评

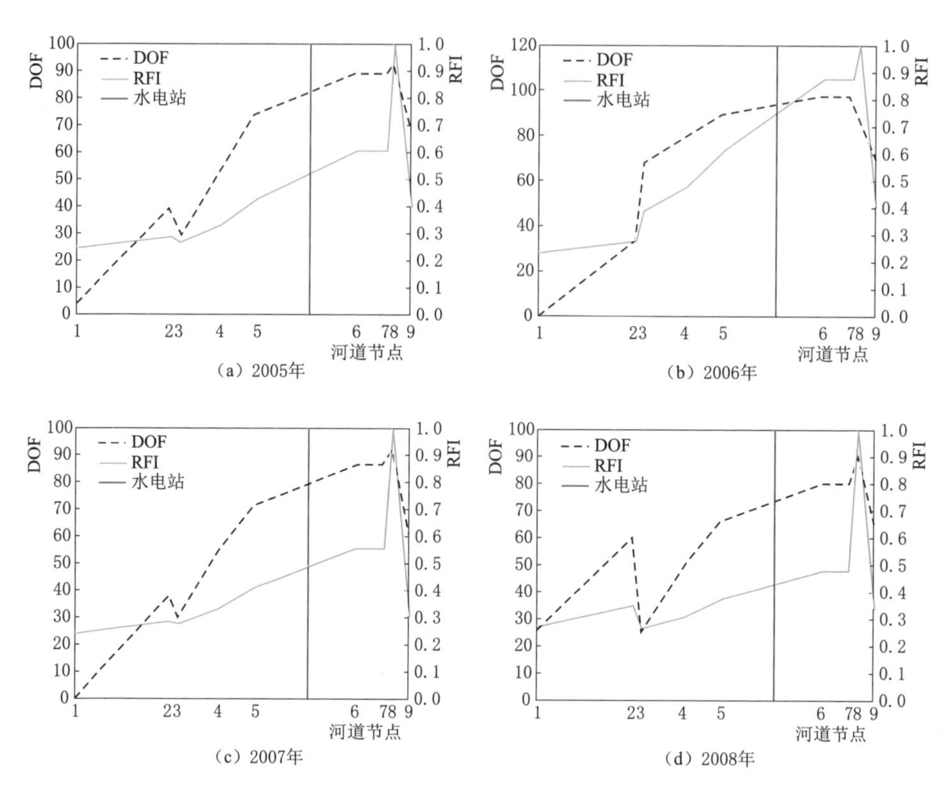

图 7.2-10 同时期濒阳河 DOF 和 RFI 对比

(横坐标数字编号之间间隔表示节点在河流中的相对距离，红色线为水电站相对位置)

价结果，表明河道破碎化程度更高，河流连通性更差。分析认为，DOF 考虑了水电站坝址处的多年平均流量，更突出强调水电站大坝对水流的阻隔作用，RFI 考虑建坝前后坝址处流量的变化，更能反映大坝对水流的实际影响。从多年平均水平看（2007 年结果和多年平均水平相近），两种指标的评价结果差别不大，均突显出大坝对其附近河段的严重阻隔，使河流破碎化，但是 DOF 值的变化过程更平滑，RFI 值的涨落变化更明显。从枯水年（水量较少的年份）来看，即图中的 2005 年和 2006 年的结果，在濒阳河，两种评价结果的差别不大；在六冲河，RFI 的结果认为河流连通性有所改善，其原因是：六冲河天然水量丰富，大坝的修建使径流的年内变幅减小，增大枯季径流量，有利于保持水流的连续性。从丰水年来看（流量较多的年份），即 2008 年的结果，在濒阳河，两种评价结果相近；在六冲河，DOF 评价的结果认为河流下游段连通性有改善，RFI 的评价结果认为尽管流量增大，大坝对上游有一定的破碎效应，但是影响能力有限，同时在水量丰沛的情况下，河道流量高于一般水平，可以满足生态环境、物质交换、水流流通的功能需求，因而丰水年河道连通性的改善应当更加明显。

最终认为，在濛阳河，两种评价指标的评价结果差别较小，且不同年份之间，河流连通性变化不大；在六冲河，DOF 和 RFI 的差别比较突出，河流连通性在水量不同年份有较大差异。

2. 同流域不同时期

为了进一步分析 DOF 和 RFI 在不同年份反映河流连通性的差别，以六冲河为研究对象，模拟河流 2000—2015 年共 16 年的流量过程，模型参数为模拟 2005—2008 年径流的参数。将不同河段不同年份的 DOF 和 RFI 结果绘制成图 7.2-11，横坐标为河流分段节点，纵坐标为不同年份，并将水电站在河流中的位置使用绿色线标记。同样的，从多年平均水平来看，图 7.2-11 体现出 RFI 在考虑水电站建坝前的流量后，评价河流连通性时，上游河段的破碎化程度更低，连通性评价等级会更好。

根据洪家渡水电站 1952—2017 年的年平均径流量的经验频率 P，最终确定模拟计算的年份中，2000 年、2001 年、2008 年、2014 年、2015 年为丰水年，2002 年、2004 年、2007 年、2012 年为平水年，2003 年、2005 年、2006 年、2009 年、2010 年、2011 年、2013 年为枯水年。从图 7.2-11 可以看出，两种指标评价河道不同年份的河道连通性的变化规律是一致的，即以多年平均结果为参照，枯水年中上游段的河道连通性极好，下游段连通性有提升；平水年评价结果和多年平均水平接近，从上游段到下游段，河道连通性的变化均在多年平均水平附近；丰水年，河道下游段连通性有改善，但是大坝对下游段水流的阻隔效应依然较明显。

两种指标评价的差别在于，DOF 的评价结果显示，六冲河中上游段连通性在不同年份间变化很大，而下游段的连通性变化较小，表明洪家渡水电站对上游段的连通性也有较强影响；RFI 的评价结果显示，不同年份间，河流上游的连通性变化较小，下游段连通性变化较大，主要突出了洪家渡水电站对下游段水电站附近河段连通性的强烈影响。从多次枯水年和平水年的结果可以看出，在六冲河，洪家渡水电站对河流上游的影响实际上是有限的（两种指标评价结果一致），上游河流的连通性等级应当在良好或优秀；而到了丰水年，尽管河道流量增加，水电站的大坝作为挡水建筑物对流量的阻隔作用应当更明显，但是对于上游河道而言，河道流量较平时有显著增加，河流水流流动、物质交换等连通性功能更应当得到满足，上游河流的连通性评价结果应当保持在良好以上的等级，河流整体连通性有所提升。所以，水电站的建设，会阻隔上游水流流动，减少下游流量，但是对于六冲河这样流域面积广阔，河道长，天然径流量大的河流而言，水电站会对其附近河段的水流连通性造成较强影响，对相距较远的上游段水流的影响则十分有限。

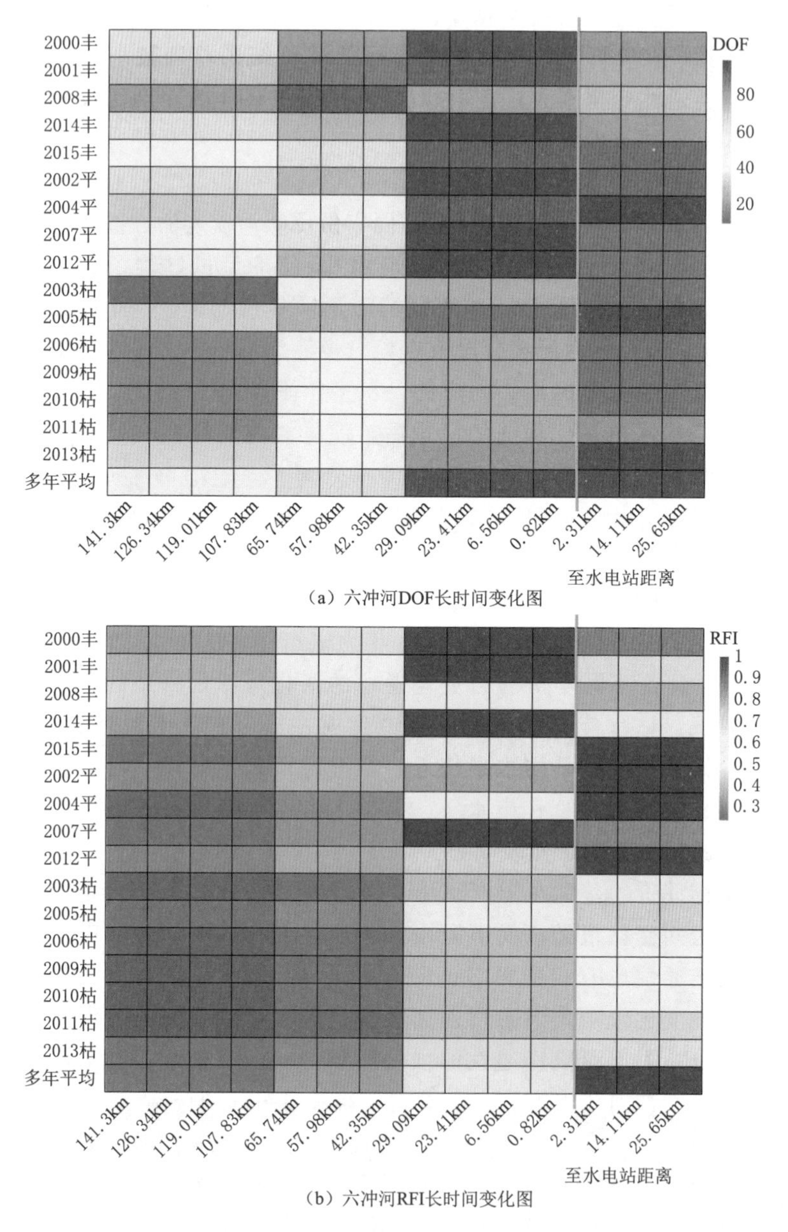

（a）六冲河DOF长时间变化图

（b）六冲河RFI长时间变化图

图 7.2-11 六冲河（a）DOF 和（b）RFI 长时间变化图

（横坐标距离表示河段节点和水电站的相对距离，绿色线为水电站的大致位置）

另外，从图 7.2-11 可以看出，在枯水年的时候，两种指标的评价结果都明显好于其他时候。原因在于：一方面，从指数本身来看，这是 DOF 在计算不同年份的结果时的缺陷，导致评价有偏差，RFI 在对 DOF 进行改进后，使丰水年的结果更准确，但是没能修正枯水年的计算结果，这是今后需要重点考虑的。另一方面，从水电站对河流连通性影响的原理来看，水电站大坝会阻隔坝前水流的自由流动，可能会减小坝后水量，从而使河流破碎化、片段化，影响河流连通性；但是，大坝也会影响到年内径流分布，使枯水期流量增大，有利于河道连通性，特别是对洪家渡水电站这样的大型电站而言，水电站径流调节能力可以在枯水年为河道补充水量，大坝过流能力强，容易满足水量较少时流量通过的条件，有利于枯水年的水流流动，因此，会存在枯水期水流连通性更好的情况。

综合分析认为，在 DOF 的计算中，建立了水电站坝址处流量和河道天然流量的关系，通过这种关系体现大坝对河流的破碎化，但是计算过程中只考虑大坝建设后的效果，没有考虑大坝建设前的流量情况，流量越接近坝址多年平均流量，阻隔效应越大，河流破碎化程度越高，连通性越差，这样就使得计算结果注重于大坝对水流的阻隔，扩大了水电站的大坝对水流的影响范围，特别是让丰水年的结果变差。在补充考虑水电站建设前坝址处的多年平均天然流量后，就消除了 DOF 计算时扩大了水电站影响范围的问题，只突出水电站对其周边一定范围内河段的影响，距离水电站越远，大坝对水流的阻隔作用就越小。

综合不同流域评价结果的空间和时间变化认为，DOF 和 RFI 均能有效评估河流的连通性，DOF 在凸显大坝对水流的阻隔作用、评价河流多年平均水平的连通性时更有优势；RFI 能反映大坝对水流的阻隔、调节作用，在评价不同年份间河流连通性的变化时比 DOF 效果更好；RFI 在 DOF 的基础上补充考虑水电站建设前坝址处的流量后，更加明确水电站对河流破碎影响的范围，使评价结果在时空变化上更准确。

7.3 基于河网演变的水资源调控建议

根据贵州省部分水系河网连通性分析，结合贵州省水资源禀赋及自然地理、社会经济发展状况及国家为促进某一区域水资源的可持续利用出台的多种政策文件，提出基于水系河网演变的水资源调控建议，以保障贵州省社会经济的高质量发展和生态环境的良性循环。

(1) 合理进行水利工程规划及建设，促进当地水资源的可持续发展。

由于贵州省部分区域特殊的喀斯特地貌以及水资源分布不均，贵州省进行了较多的水利工程包括蓄水、引水及调水工程建设，特别是水电站的建设，这对河道阻隔及连通产生较大的影响。根据前面的研究，临近水电站段，水系连通性减弱，即水电站的修建产生的阻隔作用明显。为此，在这些易受影响区或者生态脆弱区，应做好相关工程的本底条件调查及评估工作，做好水利工程建设的环境影响评价分析研究，合理进行相关工程项目的规划及选址、布设等情况研究，以尽可能减少对当地生态系统扰动为原则，促进项目规划及实施与当地生态系统因地制宜，减少对当地系统生态多样性的影响。在已经实施的工程中，尽可能修复并维持乃至重构当地的生态系统，如河流部分减水段可能因水流不足形成断流，需采取相应的补水、引流等措施。

（2）加强对已有涉水工程的调控，促进生态系统的可持续改善。

水电站等工程的建设及运行不可避免地会对当地的生态系统产生影响，且这种影响在不同的丰枯水年是不同的。根据前面的研究，在枯水年，河段的连通性受水电站影响较小，而在丰水年，河段的连通性受水电站的影响较大。由此，对含有调控功能的涉水工程需加强其优化控制分析：一方面，对水电站等组成的梯级水电站群进行优化调度，以减小对水系连通性的负面影响；另一方面，加强对涉水工程的联合调控以尽可能维护并改善当地的生态系统，并按照当地水资源条件全面落实水资源管理监督、监测、考核等工作，促进当地生态系统的可持续改善。

（3）积极进行当地经济社会结构的转型升级，促进当地经济的稳健提升。

由于贵州省水资源分配不均及特殊的喀斯特地貌，该地区存在水资源相对丰富但开发利用程度较低的情况以及与当地水资源条件不相匹配的产业与经济结构。在这种条件下，需强化社会经济的需水侧管理，合理布局以适应当地水土条件的经济格局；同时积极调整并优化产业结构，尽可能提高水资源利用效率，推动当地经济的稳健提升和快速发展。

7.4 基于荷载均衡和系统动力学的水资源管理措施分析

本书针对贵州省各地市水资源承载力问题，构建“量、质、域、流”四维评价指标体系，从单元均衡、空间均衡和代际均衡视角研究荷载均衡状况、分析时变关系，主要得出以下结论：

（1）2010—2019年间贵州省各市州水资源基本处于可承载及以上水平，仅贵阳市在2010年和2011年处于轻微超载状态。空间层面内，贵阳市由于人口较多、地区生产总值较大，同时年均水资源量在贵州省常年处于末位，导致水资源开发利用率常年处于较高水平，区域水资源负荷偶尔超载，水资源承载力最弱，应控制社会经济发展规模，限制人口增长；黔南州除2011年外水资源承载力水平都处于承载潜力大及以上，水质水量承载能力巨大，水资源承载力最强，可开发潜力最大；其他城市基本处于荷载均衡和可承载水平，可适当分担贵阳市的部分负荷。时间尺度上，贵阳市、黔南州、黔东南州水资源承载力始终保持增长势头，其中黔东南州增长幅度最大，十年间承载力提升幅度达40%；而贵阳市则是逐渐从轻度超载上升到可承载状态，为未来社会经济发展留存了一定的承载潜力。其他地级市单元均衡度均在一定范围内上下波动。

(2) 贵州省七个地级市水资源空间均衡度基本处于非常平均水平，少数处于比较平均和比较合理水平。其中黔西南州平均基尼系数最小，空间均衡程度最高，各年均为非常平均且有进一步均衡的趋势；此外，安顺市、黔南州十年内也全部处于非常平均状态。其他市州空间均衡程度受自然条件、社会经济用水水平影响，空间均衡度年际间差异较大、变化趋势不明显。

(3) 以当前经济发展水平和人口增长速率持续到2030年，贵阳市、遵义市、铜仁市、毕节市、六盘水市用水量相较于用水量控制红线仍有大量富余，代际可承载，在科技水平和其他资源允许的情况下，可以适当加快经济发展，或是通过工程手段将富余的水资源借调给其他地区使用；而安顺市、黔南州和黔东南州已经接近用水量上限，代际间均衡，但从更长远的视角来看仍需要控制总用水量；黔西南州将出现突破界限的情况，缺水程度达16.81%，代际间水资源不均衡，如果不控制发展速度，将对生态系统造成损伤。

7.5 本章小结

水系连通是通过径流的周期性涨落来实现的。水库修建后，改变了自然的水流过程，影响到水系连通性。本书通过河道流量计算河流破碎度指数（DOF）来评价河流的连通性。通过DOF评价河道连通性，需要将河流分为多段，计算每段河流的DOF；因此，本书借助于HEC-HMS水文模型，选定河流下游控制点，将河流分为多段，模拟河流的径流过程。分析HEC-HMS的径流模拟结果，认为该模型在贵州地区模拟河流全年日径流存在一定的局限性，但是模拟结果可作为参考值用于本次研究河流连通性。

本书以贵州省内六冲河和㵲阳河为研究对象，计算河道连通性时，六冲河主要考虑洪家渡水电站的影响，㵲阳河主要考虑红旗水电站的影响。根据DOF和RFI的值，将河道连通性分为优秀、良好、中等、差四个等级，最终分析认为，六冲河上游河段连通性为良好，中游河段连通性为中等，下游河段连通性为差；㵲阳河上游河段连通性为良好，中游河段连通性为中等，下游河段连通性为中等偏差。结合水电站在河流中的位置，分析认为，水电站对河道的纵向连通性影响较大，特别是临近水电站段，连通性很差，河道破碎度较高；且在丰水年，河段连通性受影响情况更为明显，但是下游由于丰水年水量充沛，连通性情况相较一般情况有所好转；在枯水年，河段连通性受水电站影响较小。

第8章 结论与展望

8.1 结论

本书以贵州省为主要研究区域，主要研究结论如下：

(1) 运用生态足迹法、模糊综合评价法、量质双要素评价法和“量、质、域、流”全要素综合评价法，从水量、水质角度和“量、质、域、流”多方面分析贵州省九个行政区水资源承载状况；综合分析认为，目前贵州省整体水资源开发利用率还较低，承载状况一般，黔南州、黔西南州和黔东南州承载状况较好，水资源开发利用需要进一步优化，2010—2019年间贵州省各市（州）水资源基本处于可承载及以上水平，贵阳市在2010年和2011年处于轻微超载状态，以当前经济发展水平和人口增长速率持续到2030年，贵阳市、遵义市、铜仁市、毕节市、六盘水市用水量相较于用水量控制红线仍有大量富余，代际可承载，而安顺市、黔南州和黔东南州已经接近用水量上限，代际间均衡，黔西南州将出现突破界限的情况，代际间水资源不均衡，如果不加以控制发展速度，将对生态系统造成损害。

(2) 通过分析贵州省内及邻近共31个气象站点的气象数据，了解水资源分布及季节变化；通过数字滤波法进行基流分割，得出喀斯特地区基流变化特点，初步了解喀斯特地区水文特性；通过趋势和突变分析，明确五个水文站所在河流水文变异情况；通过IHA/RVA方法和生态流量指标进行水文变异量化分析。综合分析后认为，贵州省夏季、秋季水资源更为丰富，雨季较多，部分河流有水文变异情况，主要原因为气候变化。

(3) 收集贵州省河流水文资料，对贵州省的水生生物展开了物种调查，确定六冲河流域的指示物种为裂腹鱼，并对指示物种的生活习性做了调查。运用Tennant法和基于IHA的RVA法计算了六冲河的逐月生态流量过程。在充分了解指示物种裂腹鱼生活习性的条件下，制定了满足裂腹鱼产卵期和非产卵期生态需水的生态水力标准。运用HEC-RAS一维水动力模拟计算，确定满足生态水力标准的生态流量。综合考虑天然水文情势，建立起六冲河七星关站附近河段的逐日生态流量过程。

（4）在考虑洪家渡水电站的影响下，初步计算六冲河流域基于荷载均衡的水资源可利用量。六冲河多年平均径流量为46.24亿m^3，求得多年平均弃水量为3.69亿m^3，多年平均可利用量为24.51亿m^3。结合对丰、平、枯年份变化条件下的弃水和水资源可利用量分析，认为六冲河流域整体水资源可利用量丰富，在荷载均衡情况下可进一步开发利用。

（5）通过河道流量计算河流破碎度指数DOF，评价河流的连通性。本书借助于HEC-HMS水文模型，以河流下游控制水文站日径流为标准，将河流分为多段，模拟河流的径流过程。通过分析HEC-HMS的径流模拟结果，认为：六冲河上游河段连通性为良好，中游河段连通性为中等，下游河段连通性为差；㵲阳河上游河段连通性为良好，中游河段连通性为中等，下游河段连通性为中等偏差。

8.2 展望

限于收集的贵州省资料不足，本书可在以下几个方面进一步开展研究：

（1）贵州省本身水资源禀赋较好，目前开发利用强度不高，如何在水资源承载能力范围内进一步强载卸荷，提高水资源利用效率，是值得进一步研究的问题。

（2）通过贵州省水资源与社会经济的匹配关系分析，贵州省水资源开发利用具有较强的时空非一致性，如何进行贵州省相关社会经济结构及布局的优化，促进水资源更好地为当地社会经济服务，仍是当前贵州省水资源开发利用中应该重视的关键问题。

（3）根据本书研究，贵州省的水电开发对自然径流造成了一定的影响，但目前这种影响程度仍在贵州省局地水资源承载范围内，由于贵州省具有较为丰富的动、植物及特殊的地理环境，如何在水资源开发利用中尽可能减轻水电开发、水资源利用等对当地生境的影响，是当前及今后一个阶段亟待重点解决的问题，本书研究将为其提供部分科技支撑和理论依据。

参考文献

[1] 林俊清. 贵州喀斯特与非喀斯特地貌分布面积及其特征分析 [J]. 贵州教育学院学报（自然科学），2001（4）：43－46.

[2] 贵州省水利厅. 2018 贵州省水资源公报 [R]. 2019.

[3] 任顺平，张松，薛建民. 水法概论 [M]. 郑州：黄河水利出版社，1999：31－42.

[4] ROBERT H A. Secure Water Rights in Interstate Water [J]. Ballinger Publishing Company，2013，6：24－28.

[5] ARNIM W，KELLI L L. Water，People and Sustainability—A Systems Frame work for Analyzing and Assessing Water Governance Regimes [J]. Water Resources Management，2012，7：3－4.

[6] SURRIDGE B，HARRIS B. Science－driven integrated river basin management：a mirage [J]. Iterdisciplinary Science Reviews，2007，32（3）：298－312.

[7] BRAD D N，MARION W J，JAY R L，et al. Southern California water markets：Potential and Limitations [J]. Journal of Water Resources Management，2015（3）：38.

[8] ELINOR O. 公共事务的治理之道 [M]. 余逊达，等，译. 上海：上海三联书店，2000.

[9] 姜文来，唐曲，雷波. 水资源管理学导论 [M]. 北京：化学工业出版社，2004.

[10] 孙广生. 黄河水资源管理 [M]. 郑州：黄河水利出版社，2001.

[11] 刘毅，董藩. 中国水资源管理的突出问题与对策 [J]. 中南民族大学学报，2005，2（1）：1－2.12.

[12] 林洪孝. 水资源管理理论与实践 [M]. 北京：中国水利水电出版社，2003.

[13] 国世龙. 乌海市水资源开发管理研究 [D]. 呼和浩特：内蒙古大学，2011.

[14] 王浩. 黄淮海流域水资源合理配置 [M]. 北京：科学出版社，2003.

[15] 赵宝璋. 水资源管理 [M]. 北京：水利电力出版社，1994.

[16] 陈雷. 严格水资源管理保障可持续发展 [N]. 人民日报，2010－03－22.

[17] 左其亭，李可任. 最严格水资源管理制度理论体系探讨 [J]. 南水北调与水利科技，2013，11（1）：13－18.

[18] 崔延松. 水资源经济学与水资源管理理论政策和运用 [M]. 北京：中国社会科学出版社 ，2008.

[19] 丁宝娟. 武川县水资源管理问题研究 [D]. 呼和浩特：内蒙古农业大学，2021.

[20] ALDAYA M M，CHAPAGAIN A K，HOEKSTRA A Y. The Water Footprint Assessment Manual：Setting the Global Standard [M]. Taylor and Francis：2012－08－21.

[21] 张宁宁. 基于荷载均衡的黄河流域水资源承载力评价 [D]. 杨凌：西北农林科技大学，2019.

[22] 刘雁慧，李阳兵，梁鑫源，等. 中国水资源承载能力评价及变化研究 [J]. 长江流域

资源与环境，2019，28（5）：1080－1091.

[23] WANG Q，LI S，LI R. Evaluating water resource sustainability in Beijing，China：Combining PSR model and matter－element extension method [J]. Journal of Cleaner Production，2019，206：171－179.

[24] 郑长统，梁虹. 基于人工神经网络的喀斯特地区水资源承载能力综合评价——以贵州省为例 [J]. 中国岩溶. 2010，29（2）：170－175.

[25] 郑二伟，郭蓉蓉，冯娟娟. 基于主成分分析法的河南省水资源综合利用评价及对策 [J]. 河南水利与南水北调，2020，49（10）：38－40.

[26] 熊康宁，黎平，周忠发，等. 喀斯特石漠化的遥感－GIS 典型研究——以贵州省为例 [M]. 北京：地质出版社，2002.

[27] 宁晨，闫文德，宁晓波，等. 贵阳市区灌木林生态系统生物量及碳储量 [J]. 生态学报，2015，35（8）：2555－2563.

[28] 陶贵俏，齐怀智. 高温环境下居住区景观气候适应性设计——以大连市“国合锦城”居住区为例 [J]. 建筑节能，2020，48（12）：137－143.

[29] 李凯轩，李志威，胡旭跃，等. 洞庭湖区水系连通工程指标体系与评价方法 [J]. 水利水电科技进展，2020，40（6）：6－10，22.

[30] 刘丽颖，杨清伟，曾一笑，等. 喀斯特地区水资源安全评价模型构建及其应用——以贵州省为例 [J]. 中国岩溶，2018，37（2）：203－210.

[31] 戴明宏，王腊春，魏兴萍. 基于熵权的模糊综合评价模型的广西水资源承载能力空间分异研究 [J]. 水土保持研究. 2016，23（1）：193－199.

[32] 刘莉，汪丽娜. 基于熵权-正态云模型的水资源可持续性评价 [J]. 华南师范大学学报（自然科学版），2020，52（1）：77－84.

[33] 张志君，陈伏龙，龙爱华，等. 基于模糊集对分析法的新疆水资源安全评价 [J]. 水资源保护，2020，36（2）：53－58，78.

[34] 孙秀玲，褚君达，马惠群，等. 物元可拓评价法的改进及其应用 [J]. 水文，2007（1）：4－7.

[35] ARROW K，BERT B，ROBERT C，et al. Economic growth，carrying capacity，and the environment [J]. Ecological Economics，1995，15（2）：91－95.

[36] DANIEL H，ULF J，ERIK K. A framework for systems analysis of sustainable urban water management [J]. Environmental Impact Assessment Review，2000，20（3）：311－321.

[37] FALKENMARK M. Water scarcity as a key factor behind global food insecurity：Round table discussion [J]. Ambio，1998，27（2）：148－154.

[38] HARRIS J M，KENNEDY S. Carrying capacity in agriculture：global and regional issues [J]. Ecological Economics，1999，29（3）：443－461.

[39] RIJSBERMAN，MICHIEL A，FRANS H M，et al. Different approaches to assessment of design and management of sustainable urban water systems [J]. Environmental Impact Assessment Review，2000，20（3）：333－345.

[40] NGANA J O，MWALYOSI R B，MADULU N F，et al. Development of an integrated water resources management plan for the Lake Manyara sub－basin，Northern Tanzania [J]. Physics and Chemistry of the Earth，Parts A/B/C，2003，28（20）：

1033－1038.

[41] AVOGADRO E, MINCIARDI R, PAOLUCCI M. A decisional procedure for water resources planning taking into account water quality constraints [J]. European Journal of Operational Research, 1997. 102 (2): 320－334.

[42] MAKOTO, NAOKI, KIMBERLY. Water, energy, and food security in the Asia Pacific region [J]. Journal of Hydrology: Regional Studies, 2017, 11: 9－19.

[43] PANDEY, MUKAND S, SANGAM, et al. A framework to assess adaptive capacity of the water resources system in Nepalese river basins [J]. Ecological Indicators, 2011, 11 (2): 480－488.

[44] KUYLENSTIERNA J L, BJORKLUND G, NAJLIS P. Sustainable water future with global implications: everyone's responsibility [C]. Natural Resources Forum, 1998. 22 (1): 37－51.

[45] SOURO D J. Carrying capacities and standars as bases towards urban infrastructure planning in india: A case of urban water supply and sanitation [J]. Habitat International, 1998, 22 (3): 327－337.

[46] 新疆水资源软科学课题研究组. 新疆水资源及其承载能力和开发战略对策 [J]. 水利水电技术，1989 (6): 2－9.

[47] 惠泱河，蒋晓辉，黄强，等. 水资源承载力评价指标体系研究 [J]. 水土保持通报，2001 (1): 30－34.

[48] 王友贞，施国庆，王德胜. 区域水资源承载力评价指标体系的研究 [J]. 自然资源学报，2005 (4): 597－604.

[49] 宰松梅，温季，仵峰，等. 河南省新乡市水资源承载力评价研究 [J]. 水利学报，2011，39 (7): 783－788.

[50] 刘颖秋. 用灰色关联度法评价区域水资源保护状况 [J]. 中国水利，2013 (23): 43－45.

[51] 康艳，宋松柏. 水资源承载力综合评价的变权灰色关联模型 [J]. 节水灌溉，2014 (3): 48－53.

[52] 戴明宏，王腊春，汤淏. 基于多层次模糊综合评价模型的喀斯特地区水资源承载力研究 [J]. 水土保持通报，2016，36 (1): 151－156.

[53] 王建华，翟正丽，桑学锋，等. 水资源承载力指标体系及评判准则研究 [J]. 水利学报，2017，48 (9): 1023－1029.

[54] 王浩，秦大庸，王建华. 西北内陆干旱区水资源承载能力研究 [J]. 自然资源学报，2004，19 (2): 151－159.

[55] 谢高地，周海林，鲁春霞. 我国自然资源的承载力分析 [J]. 中国人口资源与环境，2005，15 (5): 93－98.

[56] 滕朝霞，陈丽华，肖洋. 城市水资源承载力多目标模型及其在济南市的应用 [J]. 中国水土保持科学，2008，6 (3): 76－80.

[57] 何仁伟，刘邵权，刘运伟. 基于系统动力学的中国西南岩溶区的水资源承载力——以贵州省毕节地区为例 [J]. 地理科学，2011，31 (11): 1376－1382.

[58] 张振伟，杨路华，高慧嫣，等. 基于 SD 模型的河北省水资源承载力研究 [J]. 中国农村水利水电，2008 (3): 20－23.

[59] 王勇，李继清，王霭景，等. 天津市水资源承载力系统动力学模拟 [J]. 中国农村水利水电，2011 (12)：1 - 4.

[60] 金菊良，吴开亚，李如忠，等. 信息熵与改进模糊层次分析法耦合的区域水安全评价模型 [J]. 水力发电学报，2007 (6)：61 - 66，110.

[61] 周亮广，梁虹. 基于主成分分析和熵的喀斯特地区水资源承载力动态变化研究——以贵阳市为例 [J]. 自然资源学报，2006 (5)：827 - 833.

[62] 袁伟，郭宗楼，吴军林，等. 黑河流域水资源承载能力分析 [J]. 生态学报，2006，26 (7)：50 - 56.

[63] 姜秋香，付强，王子龙. 三江平原水资源承载力评价及区域差异 [J]. 农业工程学报，2011，27 (9)：184 - 190.

[64] 肖迎迎，宋孝玉，张建龙. 基于主成分分析的榆林市水资源承载力评价 [J]. 干旱地区农业研究，2012，30 (4)：218 - 223，235.

[65] 周念清，杨硕，朱勍. 承载指数与模糊识别评价许昌市水资源承载力 [J]. 水资源保护，2014，30 (6)：25 - 30.

[66] 龚丽芳，吴泽俊，陈欢. 基于因子分析和熵权法的赣州市水资源承载力研究 [J]. 水利规划与设计，2021 (2)：46 - 50，73.

[67] 张宁宁. 基于荷载均衡的黄河流域水资源承载力评价 [D]. 杨凌：西北农林科技大学，2019.

[68] 韩春辉. 水资源空间均衡理论方法及应用研究 [D]. 郑州：郑州大学，2020.

[69] 朱玲燕. 基于系统动力学的典型喀斯特地区水资源承载力评价研究 [D]. 重庆：重庆师范大学，2016.

[70] 王顺久，侯玉，张欣莉，等. 中国水资源优化配置研究的进展与展望 [J]. 水利发展研究，2002 (9)：9 - 11.

[71] 张泳华，刘祖发，赵铜铁钢，等. 东江流域基流变化特征及影响因素 [J]. 水资源保护，2020，36 (4)：75 - 81.

[72] 亢小语，张志强，陈立欣，等. 自动基流分割方法在黄土高原昕水河流域适用性分析 [J]. 北京林业大学学报，2019，41 (1)：92 - 101.

[73] 丁晶，邓育仁. 随机水文学 [M]. 成都：成都科技大学出版社，1998.

[74] 张洪波，余荧皓，南政年，等. 基于 TFPW - BS - Pettitt 法的水文序列多点均值跳跃变异识别 [J]. 水力发电学报，2017，36 (7)：14 - 22.

[75] 郭强，孟元可，樊龙凤，等. 基于 IHA/RVA 法的近年来鄱阳湖生态水位变异研究 [J]. 长江流域资源与环境，2019，28 (7)：1691 - 1701.

[76] 陈昌春，王腊春，张余庆，等. 基于 IHA/RVA 法的修水流域上游大型水库影响下的枯水变异研究 [J]. 水利水电技术，2014，45 (8)：18 - 22.

[77] RICHTER B, BAUMGARTNER J, WIGINGTON R, et al. A method for assessing hydrologic alteration within ecosystem [J]. Freshwater Biology, 1997, 37 (1): 231 - 249.

[78] SHIAU J. T, WU F C. Assessment of hydrogic alterations caused by Chi - Chi diversion weir in Chou - Shui Creek, Taiwan: opportunities for restoring natural flow conditions [J]. River Research and Applicatiion, 2004, 20 (4): 401 - 412.

[79] 周毅，崔同，高满，等. 考虑不同水文年及 IHA 指标相关性的水文特征评估方法

[J]. 水文，2017，37 (2)：20 - 25.

[80] LIN K, LIN Y, LIU P, et al. Considering the Order and Symmetry to Improve the Traditional RVA for Evaluation of Hydrologic Alteration of River Systems [J]. Water Resources Management, 2016, 30 (14): 5501 - 5516.

[81] 高冰. 长江流域的陆气耦合模拟及径流变化分析 [D]. 北京：清华大学，2012.

[82] 夏娟，王玉蓉，谭燕平. 裂腹鱼自然生境水力学特征的初步分析 [J]. 四川水利，2010，31 (6)：55 - 59.

[83] 卢红伟. 基于鱼类生境评价的山区河流基本生态流量确定方法研究 [D]. 成都：四川大学，2012.

[84] 陈明千. 岷江上游齐口裂腹鱼产卵场水力生境研究及应用 [D]. 成都：四川大学，2012.

[85] 张志广等. 基于鱼类生境需求的生态流量过程研究 [J]. 水力发电，2016，42 (4)：13 - 17.

[86] 龚丽芳，吴泽俊，陈欢. 基于因子分析和熵权法的赣州市水资源承载力研究 [J]. 水利规划与设计，2021 (2)：46 - 50，73.

[87] 吴凡，陈伏龙，丁文学，等. 基于模糊集对分析——五元减法集对势的新疆水资源承载力评价 [J]. 长江科学院院报：2021，38 (9)：27 - 34.

[88] 张淑林. 面向荷载均衡的水资源配置评价研究 [D]. 杨凌：西北农林科技大学，2019.

[89] 王建生，钟华平，耿雷华，等. 水资源可利用量计算 [J]. 水科学进展，2006 (4)：549 - 553.

[90] 张双虎. 梯级水库群发电优化调度的理论与实践——以乌江梯级水库群为例 [D]. 西安：西安理工大学，2007.

[91] 徐光来，许有鹏，王柳艳. 基于水流阻力与图论的河网连通性评价 [J]. 水科学进展，2012，23 (6)：776 - 781.

[92] 马爽爽. 基于河流健康的水系格局与连通性研究 [D]. 南京：南京大学，2013.

[93] 孟慧芳. 鄞东南平原河网区水系结构与连通变化及其对调蓄能力的影响研究 [D]. 南京：南京大学，2014.

[94] 于璐. 淮河流域水系形态结构及连通性研究 [D]. 郑州：郑州大学，2017.

[95] 陈叶华. 洞庭湖区水系连通表征与水动力数值模拟研究 [D]. 长沙：长沙理工大学，2019.

[96] 窦明，于璐，靳梦，等. 淮河流域水系盒维数与连通度相关性研究 [J]. 水利学报，2019，50 (6)：670 - 678.

[97] GRILL G, LEHNER B, THIEME M, et al. Mapping the world's free - flowing rivers [J]. Nature, 2019, 569 (7755): 215 - 221.

[98] 梁睿. HEC - HMS 水文模型在北张店流域的应用研究 [D]. 太原：太原理工大学，2012.